Clark
Die vier Stufen der
psychologischen Sicherheit

Die vier Stufen der psychologischen Sicherheit

Auf dem Weg zu mehr Vielfalt und Innovation am Arbeitsplatz

von

Timothy R. Clark

Aus dem Amerikanischen übersetzt von

Mike Kauschke

Verlag Franz Vahlen München

Timothy R. Clark ist der Gründer und CEO von LeaderFactor, einem globalen Beratungs-, Schulungs- und Beurteilungsunternehmen für Führungskräfte. Er ist Autor von fünf Büchern und Entwickler des EQometersTM zur Beurteilung der emotionalen Intelligenz. Er promovierte an der Universität Oxford in Sozialwissenschaften.

Die Originalausgabe erschien 2020 unter dem Titel „The 4 Stages of Psychological Safety: Defining the Path to Inclusion and Innovation".

First published 2020 by Berrett-Koehler Publishers, Inc., Oakland, CA, USA. Published by arrangement with Maria Pinto-Peuckmann, Literary Agency, World Copyright Promotion, Kaufering, Germany.

ISBN Print 978 3 8006 7190 8
ISBN E-Book (ePDF) 978 3 8006 7191 5
ISBN E-Book (ePUB) 978 3 8006 7192 2

Wilhelmstr. 9, 80801 München
Druck und Bindung: Beltz Grafische Betriebe GmbH
Am Fliegerhorst 8, 99947 Bad Langensalza

Satz: Fotosatz Buck
Zweikirchener Str. 7, 84036 Kumhausen
Umschlaggestaltung: Ralph Zimmermann – Bureau Parapluie
Bildnachweis: © theseamuss – depositphotos.com (modifiziert)

Gedruckt auf säurefreiem, alterungsbeständigem Papier
(hergestellt aus chlorfrei gebleichtem Zellstoff)

Für Tracey

Inhaltsverzeichnis

Vorwort

In diesem Buch wird eine Theorie der menschlichen Interaktion vorgestellt. Ich möchte Ihnen den Kontext erläutern. Vor einigen Jahren kehrten meine Frau Tracey und ich aus England in die Vereinigten Staaten zurück, als ich kurz vor dem Abschluss meiner Doktorarbeit in Sozialwissenschaften an der Universität Oxford stand. Mein Budget war aufgebraucht. Ich würde mir einen Job suchen, ein Jahr lang arbeiten, meine Dissertation abschließen, an einer Universität unterrichten und dann bis an mein Lebensende glücklich sein. Das war der Plan.

Es kam ganz anders. Ich verließ den Elfenbeinturm der Wissenschaft und begab mich in das düstere, schweißtreibende Megatonnenreich eines Stahlwerks. Das von der US Steel Corporation während des Zweiten Weltkriegs errichtete Geneva Steel war das letzte voll integrierte Stahlwerk westlich des Mississippi, ein gewaltiger Maschinenpark, der sich über 1.700 Hektar erstreckte. Es war das industrielle Äquivalent des Vatikans, eine in sich geschlossene Enklave innerhalb einer größeren Metropole, mit eigenen Zügen, einer Feuerwache, einem Krankenhaus und einer in den Himmel aufragenden Hochofenkathedrale. Das Werk stellte Stahlplatten, Stahlbleche und Stahlrohre her, aus denen alles Mögliche gefertigt wurde, von Brücken bis zu Bulldozern. Da ich mit der Arbeiterklasse sympathisierte, dachte ich, ich wüsste, worauf ich mich einlasse. Ich hatte keine Ahnung.[1]

> **Schlüsselfragen:** Wurden Sie schon einmal in einer völlig fremden Umgebung ausgesetzt? Waren Sie misstrauisch gegenüber den Einheimischen? Welche Voreingenommenheit oder welches Vorurteil haben Sie mitgebracht?

Das Stahlwerk war eine unbekannte, andere Welt für mich. Ich arbeitete mit schichtarbeitserprobten Schweißern, Maschinenbauern, Rohrschlossern und Kranführern zusammen, die von Entlassungen bedroht wurden. Diese schattenhaften Gestalten unter ihren Schutzhelmen wurden meine Freunde, aber es gab nichts Romantisches an diesem rumpelnden, schleifenden, schnaubenden Ort. In der Werkstatt stand viel auf dem Spiel, und es gab keinen Spielraum für Fehler, da Präzision wichtig war und Fehleinschätzungen tödlich sein konnten. Durch Tausende von Verfahren zur Arbeitssicherheit, die jede Aufgabe für jeden Arbeitsplatz bei jeder Tätigkeit regeln, wurde nichts dem Zufall überlassen. Sicherheit wurde so unaufhörlich gepredigt, dass man leicht aufhören konnte, daran zu glauben.

Dann kam der schicksalhafte Tag. Ein Wartungsarbeiter wurde unter einer 16 Tonnen schweren Ladung von Eisenerzpellets erdrückt. Er war auf der Stelle tot.

Ich erinnere mich, dass ich mich fragte, welche Qualen die Familie des Mannes durchleben würde. Im Laufe dieses Tages erhielt ich den Auftrag, den Geschäftsführer zu begleiten, um der Familie die schreckliche Nachricht zu überbringen. Später erfuhren wir, dass diese Tragödie darauf zurückzuführen war, dass mehrere Mitarbeitende gegen Sicherheitsvorschriften verstoßen hatten. Seitdem wurde Sicherheit zu meiner Obsession, aber nicht so, wie Sie vielleicht denken. Ich lernte, dass psychologische Sicherheit die Grundlage für Integration und Teamleistung und der Schlüssel zur Schaffung einer innovativen Kultur ist.

Als ich meinen Abschluss in der Tasche hatte, war es an der Zeit, die Fabrik zu verlassen und meinen Schutzhelm und die Stahlkappenstiefel gegen Anzug, Kreide und das Klassenzimmer einzutauschen. Dann geschah etwas Unerwartetes. Der Geschäftsführer bat mich, Werksleiter zu werden. Nun stand ich vor einer ungewöhnlichen Entscheidung: entweder das beschauliche Leben eines Akademikers oder die Leitung eines Teams von 2.500 Mitarbeitern, die im Bauch eines Industrieungeheuers arbeiten. Meine Frau und ich beschlossen, das Angebot anzunehmen. Warum? Weil es eine seltene Gelegenheit bot, menschliches Verhalten in einer einzigartigen Umgebung als teilnehmender Beobachter zu studieren. Die Erfahrung würde mich in ein reales Übungsumfeld versetzen und die Theorie, die ich in Oxford gelernt hatte, herausfordern.

An meinem ersten Tag als Werksleiter rief ich das morgendliche Führungsmeeting ein und sah mich mit der herrschenden Unternehmenskultur konfrontiert. Eine stoische Stille legte sich über den Raum, als ich in die Gesichter von 20 Betriebsleitern blickte, von denen viele alt genug waren, mein Vater zu sein. Jetzt erstatteten sie mir Bericht.

Sie waren zutiefst zur Selbstzensur erzogen worden und durch die Achtung vor der Machtposition und die sklavische Befolgung der Befehlskette eingeschüchtert. Macht war wichtig. Und diese Männer (und sie waren alle Männer) wussten, wo die Macht lag. Sie lag bei mir. Trotz meiner Jugend und Unerfahrenheit würden sie dieser Quelle der Macht Gehorsam leisten. In der Tat war ich jetzt die Kommandozentrale, der Kontrollturm, das Alphamännchen. Ich hatte das, was der Soziologe C. Wright Mills „das meiste von dem, was es zu haben gibt" nannte.[2] Die Erfahrung hatte diese Manager gelehrt, dass es emotional, politisch, sozial und wirtschaftlich riskant war, zu sagen, was sie wirklich dachten, also lächelten sie und nickten höflich.

> **Schlüsselfragen:** Waren Sie schon einmal in einer Machtposition? Waren Sie schon einmal in einer Position ohne Macht? Hat es Ihr Verhalten verändert, Macht zu haben oder keine Macht zu haben?

Dieses fruchtbare Umfeld für eine Feldstudie zu erleben, war der Traum eines Sozialwissenschaftlers. Was ich beobachtete, rief nach einer Interpretation. Aber ich musste mehr als nur ein Beobachter sein; ich musste ein Reformer sein. Um die Leistung des Unternehmens zu verbessern, brauchten wir eine Veränderung. Die träge, alte Großfabrik hatte Mühe, mit den kleineren Betrieben zu konkurrieren, die die Branche umgekrempelt hatten und den Markt beherrschten. Um die Durchlaufleistung und den Ertrag zu steigern, mussten wir die Regeln der reinen Machtausübung aufgeben und den Menschen ihre Hörigkeit gegenüber der Zwangsautorität und ihre Neigung, durch Einschüchterung Angst zu erzeugen, austreiben. Die gesamte Organisation musste von ihrem statusgebundenen Modell der autoritären Herrschaft befreit werden. Befreit den Ort oder sterbt im nächsten Abschwung.

Wirtschaftliche Unternehmen überleben, indem sie sich einen Wettbewerbsvorteil verschaffen, was letztlich bedeutet, dass sie Innovationen hervorbringen. Wenn Sie genau hinschauen, werden Sie feststellen, dass Innovation fast immer ein gemeinschaftlicher Prozess ist und fast nie ein genialer Geistesblitz eines Einzelnen. Wie der Historiker Robert Conquest einmal sagte: „Was leicht zu verstehen ist, war vielleicht nicht leicht zu erdenken.“[3] Innovation entsteht nicht von allein. Sie erfordert kreative Spannung und konstruktive Meinungsverschiedenheiten – Prozesse, die auf hohe *intellektuelle* und geringe *soziale* Reibung angewiesen sind.[4]

Die meisten Führungskräfte verstehen nicht, dass die Bewältigung dieser beiden Reibungskategorien zur Schaffung eines Ökosystems der mutigen Zusammenarbeit das Herzstück der Führung als angewandte Disziplin ist. Es ist vielleicht der wichtigste Test für eine Führungspersönlichkeit und ein direktes Spiegelbild des persönlichen Charakters.

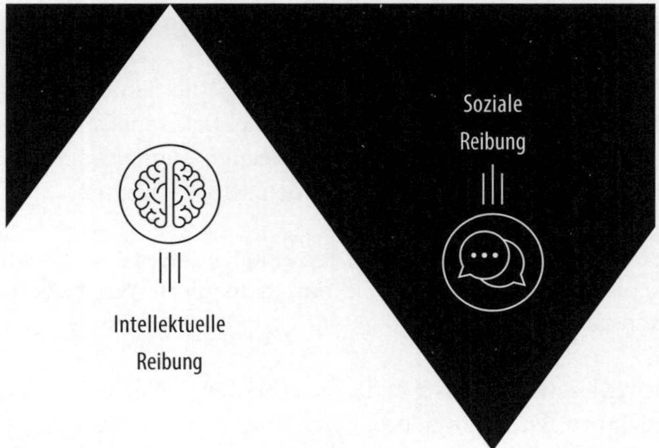

Abbildung 1: Zunehmende intellektuelle Reibung, abnehmende soziale Reibung

Ohne Kompetenz, Integrität und Respekt vor den Menschen geht es nicht. Auch Vergünstigungen wie Kickertische, kostenlose Mittagessen, eine offene Büroumgebung und die Ästhetik einer hippen Organisation können es nicht zum Leben erwecken.

> **Schlüsselprinzip:** Die Aufgabe der Führungskraft besteht darin, gleichzeitig die intellektuelle Reibung zu erhöhen und die soziale Reibung zu verringern.

Ich beobachtete aber das Gegenteil, nämlich das Fehlen dessen, was wir *psychologische Sicherheit* nennen. Mir wurde bald klar, dass meine Verantwortung darin bestand, die Menschen nicht nur physisch, sondern auch psychisch zu schützen. Wie ich aus erster Hand erfuhr, kann das Fehlen von physischer Sicherheit zu Verletzungen oder zum Tod führen, aber das Fehlen von psychologischer Sicherheit kann verheerende emotionale Wunden verursachen, die Leistung neutralisieren, das Potenzial lähmen und das Selbstwertgefühl des Einzelnen zerstören. Daraus folgt, dass Unternehmen, denen es an psychologischer Sicherheit mangelt und die auf hochdynamischen Märkten konkurrieren, auf dem besten Weg sind, auszusterben.

Eine der ersten Erkenntnisse in der Führung ist, dass der gesellschaftliche und kulturelle Kontext einen tiefgreifenden Einfluss darauf hat, wie sich Menschen verhalten, und dass man als Führungskraft für diesen Kontext verantwortlich ist. Als Zweites lernt man, dass Angst der Feind ist. Sie bremst die Initiative, hemmt die Kreativität, führt zu Gehorsam statt zu Engagement und unterdrückt das, was andernfalls zu einer Explosion der Innovation führen würde.

> **Schlüsselprinzip:** Das Vorhandensein von Angst in einer Organisation ist das erste Anzeichen für eine schwache Führung.

Wenn es Ihnen gelingt, Ängste zu beseitigen, eine echte leistungsbezogene Verantwortlichkeit einzuführen und ein Umfeld zu schaffen, indem die Mitarbeitenden verletzlich sein können, um zu lernen und zu wachsen, werden sie mehr leisten, als Sie und Ihre Mitarbeitenden selbst erwarten.

> **Schlüsselfragen:** Waren Sie jemals Teil einer Organisation, die von Angst beherrscht wurde? Wie haben Sie darauf reagiert? Wie haben andere Menschen darauf reagiert?

Meine informelle ethnografische Analyse als Betriebsleiter bei Geneva Steel dauerte fünf Jahre. Diese prägende Erfahrung war der Ausgangspunkt eines Lernprozesses, um zu verstehen, warum manche Organisationen das Potenzial von Individuen freisetzen und andere nicht. In den letzten 25 Jahren habe ich als Kulturanthropologe gearbeitet und psychologische Sicherheit studiert, wobei ich von Führungskräften und Teams aus allen Bereichen der Gesellschaft gelernt habe.

Ich habe herausgefunden, dass die psychologische Sicherheit einer Entwicklungssequenz folgt, die auf der natürlichen Abfolge menschlicher Bedürfnisse beruht. Zunächst wollen die Menschen einbezogen werden. Als Zweites wollen sie lernen. Drittens wollen sie einen Beitrag leisten. Und schließlich wollen sie den Status quo herausfordern, wenn sie glauben, dass sich die Dinge ändern müssen. Dieses Muster zieht sich durch alle Organisationen und sozialen Einheiten.

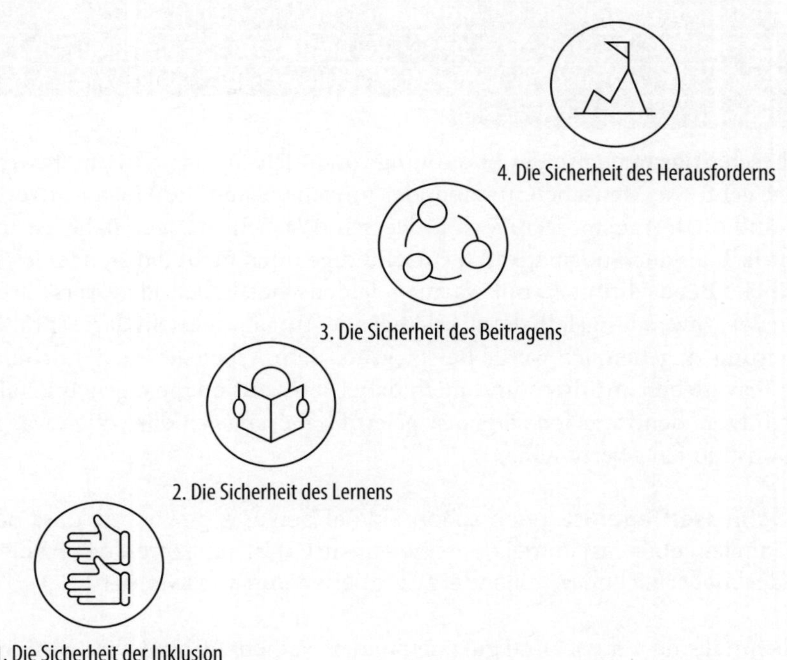

Abbildung 2: Die vier Stufen der psychologischen Sicherheit

> **Schlüsselprinzip:** Psychologische Sicherheit ist ein Zustand, in dem man sich (1) einbezogen fühlt, (2) sich sicher fühlt, zu lernen, (3) sich sicher fühlt, etwas beizutragen, und (4) sich sicher fühlt, den Status quo herauszufordern – all das ohne die Angst davor, in Verlegenheit gebracht, ausgegrenzt oder bestraft zu werden.

Alle Menschen haben das gleiche angeborene Bedürfnis: Wir sehnen uns danach, dazuzugehören. Wie ein Obdachloser auf ein zerfleddertes Stück Pappe schrieb: „Sei freundlich, wenn du nicht so bist wie ich." Vor nicht allzu langer Zeit hielt meine etwas sarkastisch veranlagte Teenager-Tochter Mary bei einem Highschool-Basketballspiel ein Plakat hoch, das eine eindringliche Wahrheit enthüllte: „Ich bin nur hier, damit ich keine Freunde verliere!" Obwohl wir uns nach Zugehörigkeit sehnen, sehen wir überall, wo wir hinschauen, zerbrochene menschliche Interaktionen.

In diesem Buch geht es um zerbrochene menschliche Interaktion. Ich wende mich in erster Linie an Führungskräfte in der Wirtschaft, aber meine Botschaft gilt für jede soziale Gemeinschaft. Ich möchte beleuchten, wie wir miteinander auskommen, die Wissenschaft des Schweigens entschlüsseln und erforschen, was nötig ist, um unsere Stimmen zu befreien und wirksamer zu kommunizieren. Insbesondere möchte ich mit Ihnen teilen, was ich darüber gelernt habe, wie psychologische Sicherheit unser Verhalten, unsere Leistung und unser Glücksgefühl beeinflusst. Welcher Mechanismus wirkt dabei? Wie können wir ihn aktivieren oder deaktivieren?

Ich beschäftige mich mit der Erkennung von Mustern. Wenn es um die Art und Weise geht, wie Menschen miteinander umgehen, sind die Muster unverkennbar, und die Herausforderung ist universell. Was ich zu sagen habe, ist sowohl empirisch als auch normativ. Ich entschuldige mich nicht dafür, dass ich kalte, sachliche Beobachtungen mit warmen, leidenschaftlichen Plädoyers verbinde, denn der Anwendungsfall, die zu erledigende Aufgabe, besteht darin, praktische Anleitung zu geben. Ich werde Beispiele aus dem Arbeitsleben, der Schule und dem Privatleben anführen und mich dabei stark auf meine eigenen Erfahrungen stützen, denn was ich zu Hause gelernt habe, spiegelt das wider, was ich in Organisationen gelernt habe.

> **Schlüsselfrage:** Ist Ihnen schon einmal bewusst geworden, dass das Familienleben fast immer der schwierigste Ort ist, um korrekte Prinzipien des menschlichen Miteinanders vorzuleben und anzuwenden?

Manchmal sind wir edel und gut zueinander. Manchmal sind wir kriminell unverantwortlich. Unsere Bilanz als Spezies ist größtenteils eine erschreckende Geschichte, eine des Krieges und eine Chronik der Eroberung. Maya Angelou hat die beklagenswerte Vergangenheit so dargestellt, wie es nur wenige literarische Stimmen können: „Im Laufe unserer nervösen Geschichte haben wir pyramidenförmige Türme des Bösen errichtet, oft im Namen des Guten. Durch unsere Gier, unsere Angst und unsere Unbesonnenheit haben wir unsere Dichter, die wir selbst sind, ermordet und unsere Priester, die wir selbst sind, gegeißelt. Die Liste unserer Umstürze des Guten reicht von der Zeit vor der Aufzeichnung der Geschichte bis heute.“[5]

Warum sind wir nach Tausenden von Jahren technologisch so fortgeschritten und sozial immer noch primitiv?

Als soziale Wesen verhalten wir uns wie freie Elektronen, die sowohl Verbindung als auch Abstoßung zeigen. Es ist wahr, dass wir einander brauchen, um uns zu entfalten. Doch obwohl wir das wissen, wird unser Mitgefühl schnell erschöpft, sind wir durch unsere blinden Flecken handlungsunfähig und fallen chronisch in gemeines Verhalten zurück. Wir durchlaufen Zyklen der gegenseitigen Umarmung und Vertreibung. In der Tat ist das Studium des Menschen im sozialen Umfeld weitgehend das Studium von Ausgrenzung und Angst. So glaubt beispielsweise nur ein Drittel der US-amerikanischen Arbeitnehmer, dass ihre Meinung zählt.[6]

Schlüsselfragen: Fühlen Sie sich bei der Arbeit einbezogen und angehört? Wie sieht es in der Schule aus? Wie ist es zu Hause?

Trotz unserer einzigartigen Lebensgeschichten teilen wir gemeinsame Erfahrungen. Wir alle haben den Schmerz von Ablehnung und Vorwürfen gespürt. Gleichzeitig haben wir uns alle an Ablehnung und Ausgrenzung, an Manipulation und Kontrolle, an Ausschließung und Herabsetzung beteiligt, haben Freundschaften geschlossen und gebrochen. Wir alle haben ethnische, soziale oder andere demografische oder psychografische Grenzen gezogen und ungerechte Urteile über andere gefällt und sie schlecht behandelt. Wir wissen etwas über Ausgrenzung, weil wir alle ausgegrenzt wurden! Wir können wohlwollend, mitfühlend und freundlich sein. Wir können aber auch, wie der Dichter der „Harlem Renaissance" Langston Hughes es ausdrückte, „stinkend niederträchtig und gemein" sein.[7]

Wir haben konstruktive und destruktive Tendenzen. Manchmal klassifizieren wir uns gegenseitig, so wie ich in der vierten Klasse Schmetterlinge klassifiziert habe.

Wir laden ein und trennen, schließen ein und schließen aus, hören zu und ignorieren, heilen und missbrauchen, heiligen und verwunden. Wir lieben und hassen unsere Vielfalt.

Schlüsselfragen: Schließen Sie jemanden aus, manipulieren Sie ihn oder behandeln Sie ihn schlecht? Gibt es einen Bereich in Ihrem Leben, in dem Sie „niederträchtig und gemein" sind?

Ich habe noch nie einen unfehlbaren Menschen getroffen. Auch habe ich noch nie perfekte Eltern, Lehrerinnen oder Trainer getroffen. Jeder ist ein unfertiger Mensch, ein Lehrling auf dem Weg zur wahren Größe. Wir sind alle gebrochen, beschädigt, verwundet und schuldig, und doch besitzen wir erstaunliche Gaben.

Es ist eine idealisierte Vorstellung, dass wir uns von der Gesellschaft abkoppeln und bewusst in Isolation leben können. Das klösterliche, abgeschottete Leben funktioniert nicht, und die virtuelle Realität ist eine Blase der Bespiegelung. Die Wahrheit ist, dass wir ineinander eingebettet, miteinander verwoben, aneinandergebunden und voneinander geprägt sind. Hannah Arendt stellte richtigerweise fest: „Die Welt liegt zwischen den Menschen, und dieses Dazwischen

… ist heute der Gegenstand der größten Besorgnis und der offensichtlichsten Umwälzung in fast allen Ländern der Erde."[8]

Das Herz öffnen

Bitte lesen Sie dieses Buch nicht, um sich zu informieren. Lesen Sie es, um zu handeln. Lesen Sie es, um etwas zu verändern. Öffnen Sie Ihr Herz und schauen Sie in sich hinein. Es ist an der Zeit, den Mut aufzubringen, eine gründliche, furchtlose persönliche Bestandsaufnahme zu machen. Und wenn Sie eine Familie, ein Team oder eine Organisation leiten, sollten Sie auch eine institutionelle Gewissenserforschung durchführen, wenn Sie schon dabei sind.

Ich habe vier Fragen an Sie:

1. Glauben Sie wirklich, dass alle Männer und Frauen gleich geschaffen sind, und akzeptieren Sie andere und heißen sie in Ihrer Gesellschaft willkommen, einfach weil sie Menschen sind, auch wenn sich ihre Werte von Ihren eigenen unterscheiden?
2. Ermutigen Sie Menschen ohne Voreingenommenheit oder Diskriminierung, zu lernen und sich weiterzuentwickeln? Unterstützen Sie andere in diesem Prozess, auch wenn ihnen das Vertrauen fehlt oder sie Fehler machen?
3. Gewähren Sie anderen ein Höchstmaß an Autonomie, damit sie ihren eigenen Beitrag leisten können, um zu zeigen, dass sie wertvolle Ergebnisse erzielen können?
4. Laden Sie andere konsequent dazu ein, den Status quo infrage zu stellen, um die Dinge zu verbessern? Sind Sie persönlich bereit, auf der Grundlage der Demut und der Lernbereitschaft, die Sie entwickelt haben, Fehler zu machen?

Diese vier Fragen entsprechen den vier Stufen der psychologischen Sicherheit. Wie Sie diese Fragen beantworten, bestimmt in hohem Maße die Art und Weise, wie Sie Menschen und Ihre Beziehungen zu ihnen einschätzen. Es wird bestimmen, wie Sie Menschen zuhören oder zum Schweigen bringen, Vertrauen schaffen oder Angst einflößen, ermutigen oder entmutigen. Es wird bestimmen, wie Sie andere führen und beeinflussen.

Der Philosoph Thomas Hobbes sagte, dass es „eine allgemeine Neigung der gesamten Menschheit gibt, ein immerwährendes und rastloses Verlangen nach Macht, das nur im Tod aufhört."[9] Diese Gier nach Macht, Reichtum und Selbstüberhöhung steht im Widerspruch zur menschlichen Entfaltung, denn wir sind miteinander verbunden und nicht nur auf uns selbst bezogen. „Wir werden", wie der frühere Erzbischof von Canterbury Rowan Williams sagte, „durch Beziehung geheilt, nicht durch Isolation."[10]

Das Ziehen von Ausgrenzungslinien ist nicht in unserer Biologie verwurzelt. Die Verherrlichung von Macht und Ansehen, Unsicherheit und gewöhnlicher Egoismus bringen uns dazu, uns abzuschotten. Als Menschen suchen wir nach Identitäten, an die wir uns binden können. Aus solchen Bindungen erwachsen unsere Unterschiede. Aus unseren Unterschieden entstehen unsere Trennungen. Aus unseren Trennungen entstehen unsere Klassen, Ränge und Positionen. Und aus diesen Räumen zwischen uns entstehen die Vergleiche, die Empathie schwindet, Angst und Neid zeigen sich, Konflikte formen sich, Feindseligkeiten brauen sich zusammen, die zerstörerischen Instinkte und die Impulse für Missbrauch und Grausamkeit kommen zum Vorschein. Im Geiste unserer Engstirnigkeit erfinden wir Dogmen, um zu rechtfertigen, wie wir uns gegenseitig quälen.

In unserem digitalen Zeitalter fühlen wir uns ironischerweise verbunden und gleichzeitig allein, wir vergleichen uns und fühlen uns unzulänglich.[11] Wenn Sie plötzlich den Wunsch verspüren sollten, sich „weniger wert als jemand anderes zu fühlen“, dann verbringen Sie einfach eine Stunde auf Ihrer bevorzugten Social-Media-Plattform.

> **Schlüsselprinzip:** Wenn man vergleicht und konkurriert, verliert man die Fähigkeit, sich zu verbinden.

> **Schlüsselfrage:** Gibt es in Ihrem Leben Bereiche, in denen Sie die Fähigkeit verlieren, sich mit anderen zu verbinden, indem Sie nicht hilfreiche oder destruktive Vergleiche mit anderen anstellen?

Wir können uns gegenseitig üble Freunde sein, aber auch kühler Regen auf verbrannter Erde – Seelsorger, Heilerinnen und gute Nachbarn. Wir sind zu atemberaubendem Mitgefühl, Großzügigkeit und selbstlosem Dienst fähig. Ich plädiere nicht für Heldentum und übertriebene Selbstaufopferung. Nein, mein Aufruf an Sie lautet, die Menschen auf ganz grundlegende Weise so zu behandeln, wie sie es verdienen – ohne willkürliche Unterscheidungen. Akzeptieren, ermutigen, respektieren Sie die Menschen und lassen Sie sie gewähren. Wenn Sie glücklich sein wollen, kommen Sie mit Ihren Mitmenschen ins Reine. Lassen Sie die Scheinüberlegenheit los. Hören Sie auf, nachtragend zu sein, und gehen Sie auf die Menschen zu. Zu viele leben weit unter ihren Möglichkeiten, eingeschlossen in dem, was W. B. Yeats den „fauligen Lumpen- und Knochenladen des Herzens“ nannte.[12] Wenn Sie Ihren Mitreisenden bei diesem Abenteuer ein wenig mehr psychologische Sicherheit bieten können, wird es Ihr Leben und das Leben Ihrer Mitmenschen verändern. Ich lade Sie ein, sich zu wandeln. Verändern Sie die Art und Weise, wie Sie die Menschheit sehen und behandeln. Die Reise, auf die ich Sie mitnehme, wird sowohl Freude als auch Schmerz hervorrufen. Wir sind nie gut genug vorbereitet, um diesen Weg zu gehen. Deshalb ist die eigentliche Frage: Sind Sie bereit, sich darauf einzulassen?

Die wahre Herausforderung der Moderne ist nicht die künstliche Intelligenz, sondern die emotionale und soziale Intelligenz. Ich will Ihnen zeigen, warum.

Schlüsselprinzipien

- Die Aufgabe der Führungskraft besteht darin, gleichzeitig die intellektuelle Reibung zu erhöhen und die soziale Reibung zu verringern.
- Das Vorhandensein von Angst in einer Organisation ist das erste Anzeichen einer schwachen Führung.
- Psychologische Sicherheit ist ein Zustand, in dem man sich (1) einbezogen fühlt, (2) sicher ist zu lernen, (3) sicher ist, etwas beizutragen, und (4) sicher ist, den Status quo herauszufordern – alles ohne Angst, in Verlegenheit gebracht, ausgegrenzt oder in irgendeiner Weise bestraft zu werden.
- Wenn man vergleicht und konkurriert, verliert man die Fähigkeit, sich zu verbinden.

Schlüsselfragen

- Wurden Sie schon einmal in einer völlig fremden Umgebung ausgesetzt? Waren Sie misstrauisch gegenüber den Einheimischen? Welche Voreingenommenheit oder welches Vorurteil haben Sie mitgebracht?
- Waren Sie schon einmal in einer Position mit Macht? Waren Sie schon einmal in einer Position ohne Macht? Hat es Ihr Verhalten verändert, Macht zu haben oder keine Macht zu haben?
- Haben Sie jemals zu einer Organisation gehört, die von Angst beherrscht wurde? Wie haben Sie darauf reagiert? Wie haben andere Menschen reagiert?
- Ist Ihnen schon einmal bewusst geworden, dass das Familienleben fast immer die größte Herausforderung darstellt, wenn es darum geht, korrekte Führungsprinzipien vorzuleben und anzuwenden?
- Fühlen Sie sich bei der Arbeit einbezogen und angehört? Wie sieht es in der Schule aus? Wie sieht es zu Hause aus?
- Schließen Sie jemanden aus, manipulieren Sie ihn oder behandeln Sie ihn schlecht? Gibt es einen Bereich in Ihrem Leben, in dem Sie „stinkend, niederträchtig und gemein" sind? Gibt es Bereiche in Ihrem Leben, in denen Sie die Fähigkeit verlieren, sich mit anderen zu verbinden, indem Sie nicht hilfreiche oder destruktive Vergleiche mit anderen anstellen?
- Ich fordere Sie auf, sich zu ändern. Ändern Sie die Art und Weise, wie Sie die Menschheit betrachten und behandeln. Die Reise, auf die ich Sie mitnehme, wird sowohl Freude als auch Schmerz erzeugen. Wir sind nie ganz bereit dafür, also ist die eigentliche Frage: Sind Sie bereit?

Die vier Fragen

1. Glauben Sie wirklich, dass alle Männer und Frauen gleich geschaffen sind, und akzeptieren Sie andere und heißen sie in Ihrer Gesellschaft willkommen, nur weil sie aus Fleisch und Blut sind, auch wenn ihre Werte von Ihren eigenen abweichen?
2. Ermutigen Sie andere, ohne Voreingenommenheit oder Diskriminierung, zu lernen und sich weiterzuentwickeln, und unterstützen Sie sie in diesem Prozess, auch wenn ihnen das Vertrauen fehlt oder sie Fehler machen?
3. Gewähren Sie anderen ein Höchstmaß an Autonomie, damit sie ihren eigenen Beitrag leisten können, wenn sie ihre Fähigkeit, Ergebnisse zu erzielen, unter Beweis stellen?
4. Laden Sie andere konsequent dazu ein, den Status quo infrage zu stellen, um die Dinge zu verbessern, und sind Sie persönlich bereit, auf der Grundlage der Demut und der Lernbereitschaft, die Sie entwickelt haben, Fehler zu machen?

Einführung

Meine frühe Kindheit verbrachte ich in Durango, Colorado. Mein Vater war Lehrer beim indigenen Volk der Navajo, dem zweitgrößten Stamm der amerikanischen Ureinwohner nach den Cherokee. Obwohl wir keine amerikanischen Ureinwohner, keine Mitglieder des Stammes waren und ihre Sprache nicht konnten, nahmen uns diese Menschen in ihre Gemeinschaft auf. Die kulturellen Unterschiede zwischen uns waren beträchtlich, und sie verschwanden nicht auf magische Weise, aber sie akzeptierten uns – nicht plötzlich, sondern allmählich –, indem sie uns Zuneigung und ein Gefühl der Zugehörigkeit entgegenbrachten, was ich als Kind deutlich spürte. Sie schlossen uns mit ein, und wir konnten dieses Gefühl der Einbindung spüren.

Einmal fuhr ich mit meinem Vater in einen abgelegenen Teil des Reservats. Als wir an einer kleinen Siedlung vorbeifuhren, sahen wir einen Mann, der draußen stand. Mein Vater hielt den Wagen an und ging hinüber, um den Mann zu begrüßen. Er wusste, dass er Verdacht schöpfen würde, wenn er nicht anhielte, weil es ungewöhnlich war, dass nicht-indianische Amerikaner durch diesen abgelegenen Ort fuhren. Ich blieb im Wagen und beobachtete das Gespräch. Die Männer schüttelten sich nicht die Hände. Sie grüßten sich in keiner Weise. Auch konnte ich auf dem Gesicht des Navajo-Mannes keine nonverbalen Hinweise auf seine Stimmung oder Reaktion erkennen. Er wirkte emotionslos, und dieser fehlende Affekt ließ mich vermuten, dass er schlechter Stimmung war. Ohne ein Lächeln oder Winken trennten sich die Männer. Als mein Vater zum Wagen zurückkehrte, war ich mir sicher, dass er den Mann beleidigt hatte.

Schlüsselfrage: Haben Sie jemals eine andere Person falsch eingeschätzt, weil Sie die kulturellen Unterschiede nicht verstanden haben?

„Ist er sauer?“, fragte ich, als mein Vater wieder in den Wagen stieg. Mein Vater warf mir einen verwirrten Blick zu und antwortete: „Er sagte, wir könnten auf seinem Land bleiben und in seinem Bach baden.“

Ich hatte den gesamten Austausch falsch interpretiert.

Bevor wir miteinander in Kontakt kommen, befinden wir uns in einem Zustand der Trennung, aber nicht des Ausschlusses. Wir sind Fremde, aber nicht entfremdet. Wann immer Menschen miteinander in Kontakt treten, beginnen sie zu entscheiden, ob und wie sie einander in ihre jeweilige Gemeinschaft aufnehmen. Die Art und Weise, wie wir akzeptieren oder ablehnen, einschließen oder ausschließen, nimmt viele Formen an, aber die wichtigste Möglichkeit, um Grenzen zwischen uns zu ziehen, ist die Gewährung oder Verweigerung psychologischer Sicherheit. Lassen Sie mich die Definition wiederholen:

> **Schlüsselprinzip:** Psychologische Sicherheit ist ein Zustand, in dem man sich (1) einbezogen fühlt, (2) sich sicher fühlt, zu lernen, (3) sich sicher fühlt, etwas beizutragen, und (4) sich sicher fühlt, den Status quo herauszufordern – all das ohne die Angst davor, in Verlegenheit gebracht, ausgegrenzt oder bestraft zu werden.

Das Konzept der psychologischen Sicherheit ist so alt wie die erste menschliche Interaktion. Aber erst in den letzten Jahren haben wir das Konzept unter einem vereinheitlichenden Begriff zusammengefasst, seit der Psychologe William Kahn es 1990 erstmals prägte. Andere bahnbrechende Forscher wie Edgar Schein, Warren Bennis und Amy Edmondson haben uns geholfen zu verstehen, wie und warum psychologische Sicherheit in direktem Zusammenhang zur Teamleistung und zum Geschäftserfolg steht.[1] In der Vergangenheit haben wir andere Begriffe verwendet, um psychologische Sicherheit und ihre Vorläufer zu identifizieren. Carl Rogers zum Beispiel sprach von der Notwendigkeit einer „bedingungslosen positiven Wertschätzung".[2] Douglas McGregor sprach von nicht-physischen „Sicherheitsbedürfnissen".[3] Der Nobelpreisträger Herbert Simon schlug vor, dass voll funktionsfähige Organisationen eine „Haltung der Freundlichkeit und Kooperation" benötigen.[4] Abraham Maslow schließlich identifizierte „Zugehörigkeitsbedürfnisse" und stellte fest: „Wenn sowohl die physiologischen Bedürfnisse als auch die Sicherheitsbedürfnisse ausreichend befriedigt sind, dann kommen die Bedürfnisse nach Liebe, Zuneigung und Zugehörigkeit zum Vorschein."[5]

Psychologische Sicherheit ist ein postmaterialistisches Bedürfnis, aber es ist nicht weniger ein menschliches Bedürfnis als Nahrung oder Unterkunft. In der Tat könnte man argumentieren, dass psychologische Sicherheit einfach die Manifestation des Bedürfnisses nach Selbsterhaltung in einem sozialen und emotionalen Sinne ist. Man könnte es auch industrialisierte Liebe nennen. Erich Fromm erklärte: „Wenn er [gemeint sind sowohl Frauen als auch Männer] nicht irgendwo hingehört, wenn sein Leben nicht irgendeinen Sinn und eine Richtung hat, würde er sich wie ein Staubkorn fühlen und von seiner individuellen Bedeutungslosigkeit überwältigt werden. Er wäre nicht in der Lage, sich auf ein System zu beziehen, das seinem Leben Sinn und Richtung geben würde, er wäre von Zweifeln erfüllt, und diese Zweifel würden schließlich seine Fähigkeit zu handeln – das heißt zu leben – lähmen."[6]

In der Bedürfnishierarchie steht die psychologische Sicherheit zwischen den Bedürfnissen nach Erfüllung, Zugehörigkeit und Sicherheit – drei der vier grundlegenden Bedürfniskategorien. Sobald die physischen Grundbedürfnisse nach Nahrung und Unterkunft befriedigt sind, wird die psychologische Sicherheit zur Priorität.

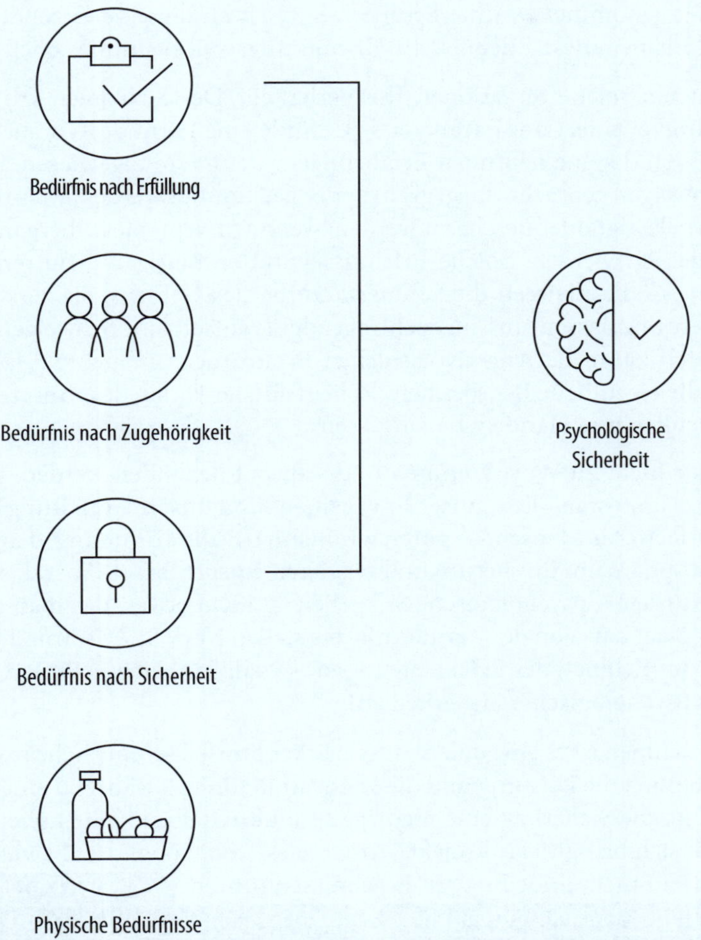

Abbildung 3: Psychologische Sicherheit und die Bedürfnishierarchie

Schlüsselfrage: Gibt es Bereiche in Ihrem Leben, in denen ein Mangel an psychologischer Sicherheit Ihr Handeln, Ihr Leben und Ihr Glücksgefühl einschränkt?

Denken Sie an eine Zeit, in der Sie in einem sozialen Umfeld beschämt, ausgegrenzt oder anderweitig abgelehnt wurden – ein Lehrer hat Ihre Frage ignoriert, eine Vorgesetzte hat Ihre Idee kritisiert, ein Kollege hat sich über Ihre englische Aussprache lustig gemacht, eine Casting-Direktorin hat über Ihr Vorsprechen gespottet, ein Trainer hat Sie angeschrien, weil Sie einen unbeabsichtigten Fehler gemacht haben, Ihr Team hat Sie im Stich gelassen und ist ohne Sie zum Mittagessen gegangen. Ich spreche von Zeiten, in denen Ihnen die psychologische Sicherheit genommen wurde. Erinnern Sie sich an diese verletzenden Erfahrungen? Bleiben diese Erlebnisse in Erinnerung, weil sie immer noch wehtun?

Beeinflussen solche Situationen Ihr Verhalten? Der Soziologe Arlie Russell Hochschild erinnert uns daran, dass „Gefühle eine Form des Voraushandelns sind".[7] Es sind keine neutralen Erfahrungen, wenn wir abgewiesen, ignoriert, zum Schweigen gebracht, ausgegrenzt oder gedemütigt werden; wenn wir schikaniert, belästigt oder beschämt werden; wenn wir verachtet, übergangen oder vernachlässigt werden. Solche Erlebnisse sind entmutigend, führen zu Entfremdung und aktivieren die Schmerzzentren des Gehirns. Sie zerstören das Vertrauen und lassen uns in nachtragendem, entsetztem Schweigen zurück. Tatsächlich kann die Angst vor solchen Erfahrungen manchmal lähmender sein als die eigentliche Begebenheit. Es liegt auf der Hand, dass unsere Gefühle unser Denken und Handeln beeinflussen.

Wenn wir nicht zu Wort kommen und schlecht behandelt werden, kann das unsere Leistungsfähigkeit, unser Engagement und unsere Entfaltung stark beeinträchtigen. Als Menschen spüren wir instinktiv die Stimmung, den Ton und die Atmosphäre um uns herum und reagieren entsprechend. Aber das ist keine binäre Aussage – psychologische Sicherheit ist nicht etwas, das man entweder hat oder nicht hat. Von der Kernfamilie bis zu den Navy SEALs, vom Imbisswagen bis zum Kabinett des Präsidenten – jede soziale Einheit weist einen gewissen Grad an psychologischer Sicherheit auf.

In Unternehmen ist es eine unbestrittene Erkenntnis, dass eine hohe psychologische Sicherheit die Leistung und die Innovation fördert, während eine niedrige psychologische Sicherheit eine niedrige Produktivität und eine hohe Anspannung mit sich bringt. Das Projekt „Aristoteles" von Google hat bewiesen, dass IQ und Geld nicht unbedingt zu Ergebnissen führen. Nach der Untersuchung von 180 seiner Teams stellte man bei Google fest, dass Intelligenz und Ressourcen nicht ausgleichen können, was einem Team an psychologischer Sicherheit fehlt. Das Unternehmen kam sogar zu dem Schluss, dass psychologische Sicherheit der wichtigste Faktor für Höchstleistung ist.[8]

Schlüsselprinzip: Ein Unternehmen, das von seinen Mitarbeitenden erwartet, dass sie sich voll und ganz in die Arbeit einbringen, sollte auch den ganzen Mitarbeiter einbeziehen.

Wenn die psychologische Sicherheit hoch ist, übernehmen die Menschen mehr Verantwortung und bringen mehr freiwillige Bemühungen ein, was zu einer höheren Geschwindigkeit beim Lernen und bei der Problemlösung führt. Wenn die psychologische Sicherheit niedrig ist, kämpfen die Menschen nicht mit der

Angst. Stattdessen schalten sie ab, zensieren sich selbst und konzentrieren ihre Energie auf Risikomanagement, Schmerzvermeidung und Selbsterhaltung. Wie Celia Swanson, eine ehemalige stellvertretende Geschäftsführerin von Walmart, sagte: „Die Entscheidung, sich gegen eine toxische Kultur auszusprechen, ist eine der schwierigsten Entscheidungen, die Mitarbeitende in ihrer Karriere treffen können."[9]

Schlüsselprinzip: Im 21. Jahrhundert wird ein hohes Maß an psychologischer Sicherheit zunehmend zu einer Bedingung für die Beschäftigung werden. Unternehmen, die dies nicht bieten, werden ihre besten Talente verlieren.

Bei meiner Feldforschung mit Organisationen aus verschiedenen Branchen, Kulturen und demografischen Gruppen habe ich ein einheitliches Muster erkannt, wie in sozialen Feldern psychologische Sicherheit gewährleistet wird und wie sie von Einzelpersonen wahrgenommen wird. Es gibt ein natürliches Fortschreiten über vier Entwicklungsstufen hinweg, das auf einer Kombination aus Respekt und Erlaubnis beruht. Mit *Respekt* meine ich das allgemeine Maß an Achtung und Wertschätzung, das wir einander entgegenbringen. Jemanden zu respektieren bedeutet, ihn zu schätzen und zu würdigen. Mit *Erlaubnis* meine ich die Befugnis, die wir anderen erteilen, als Mitglieder an einer sozialen Gruppe teilzunehmen, das Ausmaß, in dem wir ihnen erlauben, uns zu beeinflussen und an unserem Handeln mitzuwirken.

Wenn Organisationen immer mehr Respekt und Erlaubnis gewähren, verhalten sich die Menschen im Allgemeinen so, wie es dem Grad der ihnen gebotenen psychologischen Sicherheit entspricht. Jede Stufe ermutigt den Einzelnen dazu, sich mehr zu engagieren und sowohl seine persönliche Entwicklung als auch den Wertschöpfungsprozess zu beschleunigen.

Schlüsselprinzip: Menschen blühen auf, wenn sie an einem kooperativen System mit hoher psychologischer Sicherheit beteiligt sind.

Durch die „Vier Stufen der psychologischen Sicherheit" als Bezugssystem kann man herausfinden, welche Stufe der psychologischen Sicherheit in einer Organisation oder sozialen Einheit vorherrscht. Die folgenden Erläuterungen zu den einzelnen Stufen sind nur Zusammenfassungen. Im weiteren Verlauf des Buches werde ich auf jede der vier Stufen näher eingehen.

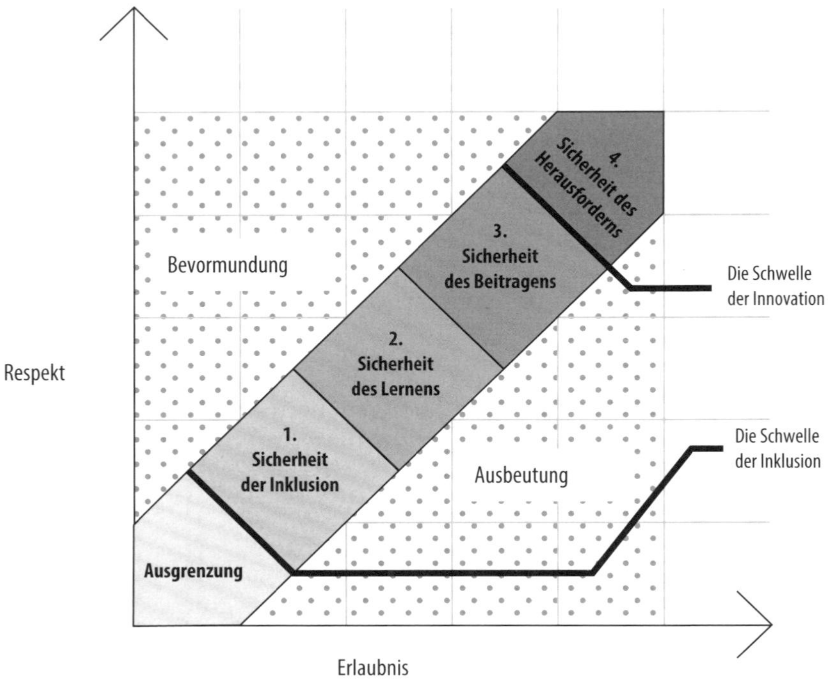

Abbildung 4: Der Weg von der Inklusion zur Innovation

Stufe 1 Die Sicherheit der Inklusion

Die erste Stufe der psychologischen Sicherheit besteht in der formellen Aufnahme in das Team – egal, ob es der Buchklub in der Nachbarschaft ist oder das Kardinalskolleg. Mit anderen Worten: Die Mitglieder des sozialen Kollektivs akzeptieren Sie und gewähren Ihnen eine gemeinsame Identität. Sie gelten nun nicht mehr als Außenseiter und werden in die Gemeinschaft aufgenommen. Es ist jedoch wichtig zu verstehen, dass die Sicherheit der Inklusion nicht einfach nur Toleranz bedeutet; es ist kein Versuch, Unterschiede zu vertuschen oder höflich so zu tun, als gäbe es sie nicht. Nein, die **Sicherheit der Inklusion wird dadurch erreicht, dass man andere wirklich in seine Gesellschaft einlädt, und zwar allein aufgrund der Tatsache, dass sie Menschen sind.** Diese transzendente Verbindung steht über allen Unterschieden.

> **Schlüsselprinzip:** Das Bedürfnis, akzeptiert zu werden, geht dem Bedürfnis, gehört zu werden, voraus.

Als Spezies verfügen wir sowohl über natürliche Instinkte als auch über eine erworbene Sozialisierung, um soziale Grenzen sowie Gesten der Einladung oder Ablehnung über diese Grenzen hinweg zu erkennen – um den Grad des Respekts und der Erlaubnis wahrzunehmen, der uns entgegengebracht wird.

Eine neue Abiturientin fragt zum Beispiel ihre Mitschülerinnen: „Kann ich mit euch zu Mittag essen?“ Die Antwort auf diese Frage gewährt die Sicherheit der Inklusion, wenn die Schüler ja sagen. Wenn sie nein sagen, darf die Person die Schwelle zur Inklusion nicht überschreiten. In einer subtileren Version dieser Begegnung wird die Schülerin von ihren Mitschülerinnen einfach ignoriert, wenn sie vorbeigeht. In manchen Fällen ignorieren wir uns gegenseitig, um uns auf subtile Art und Weise zu verhöhnen. Trotzdem tut es weh, wenn man ausgegrenzt wird und einem die Akzeptanz verweigert wird. Ein anschauliches Beispiel für den akuten Bedarf an Integration ist eine Umfrage der American College Health Association unter Studierenden, bei der 63 Prozent der befragten Studierenden angaben, sich „sehr einsam“ zu fühlen. Das sind fast zwei Drittel der Studierenden.[10] Trotz unseres materiellen Überflusses leiden wir zunehmend an sozialer und emotionaler Armut.[11]

Schlüsselprinzip: Ignoriert zu werden ist oft genauso schmerzhaft wie Ablehnung.

William James, der Vater der amerikanischen Psychologie, sagte: „Man könnte sich keine höllischere Qual ausdenken – wenn so etwas physisch möglich wäre –, als wenn man sich mitten in die Gesellschaft begibt und von allen Mitgliedern derselben völlig unbemerkt bleibt. Wenn sich niemand umdreht, wenn wir eintreten, wenn keiner antwortet, wenn wir sprachen, und allen völlig egal ist, was wir tun. Wenn jeder Mensch, dem wir begegneten, uns wie Luft behandelt und sich so verhält, als wären wir nicht existente Dinge. Dann würde in uns bald eine Wut und ohnmächtige Verzweiflung aufsteigen, zu der im Vergleich die grausamste körperliche Folter eine Erleichterung wäre.“[12]

Warum töten Scharfschützen unschuldige Opfer? Warum verbreiten normale Bürger Hass und Hetze? Warum ist die Selbstmordrate in den Vereinigten Staaten allein in den letzten 18 Jahren um 33 Prozent gestiegen?[13] Diese tragischen Ereignisse stehen in unmittelbarem Zusammenhang mit Entfremdung, Unzufriedenheit und Ausgrenzung und sind das Ergebnis zutiefst unbefriedigter Bedürfnisse. Es liegt auf der Hand, dass die Gewährung und der Erhalt von Sicherheit der Inklusion nicht nur eine Frage des Glücks, sondern in der Tat eine Frage von Leben und Tod ist.

Schlüsselprinzip: Wenn Menschen keine Akzeptanz oder Anerkennung von anderen erhalten können, suchen sie oft als Ersatz nach Aufmerksamkeit, selbst wenn diese Aufmerksamkeit destruktiv ist.

Die Sicherheit der Inklusion wird durch eine immer wieder ausgesprochene Aufnahme in die Gruppe und wiederholte Zeichen der Akzeptanz geschaffen und aufrechterhalten. In der Arbeitswelt werden wir formell in ein Team aufgenommen, wenn wir eingestellt werden, aber die informelle Mitgliedschaft wird von den Menschen, mit denen wir zusammenarbeiten, gewährt oder verweigert. Vielleicht sind Sie die neue Mitarbeiterin im Software-Entwicklungsteam, das Ihnen einen offiziellen Mitgliedsstatus verleiht, aber Sie brauchen trotzdem die soziokulturelle Akzeptanz des Teams, um die Sicherheit der Inklusion zu erfahren. Die Sicherheit der Inklusion ist ein moralischer Imperativ.

Stufe 2 Die Sicherheit des Lernens

Die Sicherheit des Lernens bedeutet, dass Sie sich sicher fühlen, sich auf den Prozess des Forschens einzulassen, Fragen zu stellen, zu experimentieren und sogar Fehler zu machen – nicht nur als Hypothese, sondern gerade dann, wenn Sie Fehler machen. Ohne die Sicherheit des Lernens werden Sie sich wahrscheinlich passiv verhalten, weil Sie Gefahr laufen, die nicht ausgesprochene Grenze der Erlaubnis zu überschreiten. Bei Kindern, Jugendlichen und Erwachsenen sind die Muster die gleichen: Wir alle bringen Hemmungen und Ängste in den Lernprozess ein.

> **Schlüsselprinzip:** Wenn die Umwelt den Menschen herabsetzt, erniedrigt oder im Lernprozess grob korrigiert, wird die Sicherheit des Lernens zerstört.

Ein Umfeld, das einen sicheren Zugang zum Lernen ermöglicht, öffnet die Knospen des Potenzials und fördert Vertrauen, Widerstandsfähigkeit und Unabhängigkeit.

Während der Einzelne in der Phase der Sicherheit der Inklusion relativ passiv bleiben kann, erfordert die Sicherheit des Lernens, dass sich die Menschen selbst engagieren und Selbstwirksamkeit entwickeln. Sie sind nicht länger Zuschauer. Der Übergang zur Sicherheit des Lernens bedeutet, sich in die Angst vor dem Unbekannten zu begeben. Wenn die Sicherheit des Lernens gegeben ist, können die Führungsperson und das Team sogar etwas von dem Vertrauen vermitteln, das dem Einzelnen fehlt. So schrieb der französische Philosoph Albert Camus einige Tage nach der Verleihung des Nobelpreises für Literatur im Jahr 1957 einen Dankesbrief an seinen Grundschullehrer. Er schrieb: „Lieber Monsieur Germain, ohne Sie, ohne die liebevolle Hand, die Sie dem kleinen armen Kind, das ich war, gereicht haben, ohne Ihren Unterricht und Ihr Beispiel wäre das alles nicht möglich gewesen.“[14]

Die Sicherheit des Lernens setzt Aktivität und Beteiligung innerhalb bestimmter Grenzen voraus. Ich beobachtete zum Beispiel einen Klempnerlehrling, der einem erfahreneren Klempnermeister auf einer Baustelle assistierte. Der Lehrling durfte beobachten, Fragen stellen, Werkzeuge und Materialien vorbereiten und in begrenztem Umfang zur Arbeit beitragen. Als der Klempnermeister positiv auf die Fragen des Lehrlings reagierte, nahm dieser sich mehr Freiraum zum Lernen, Tun und Wachsen.

In einem anderen Fall beobachtete ich, wie sich die Frustration einer Hotelmanagerin bei einer Rezeptionistin entlud, die versuchte, ein dringendes Kundenproblem zu lösen. Je mehr Fragen die Mitarbeiterin stellte, desto frustrierter wurde die Managerin. Diese Frustration trat an die Stelle von Respekt und Erlaubnis und schuf eine emotionale Barriere, die die Bereitschaft der Angestellten, mehr Fragen zu stellen und Maßnahmen zu ergreifen, um das Problem zu lösen. Wie erwartet, begann die Angestellte, sich wie ein folgsames Opfer zu verhalten und verlor ihre Initiativkraft und Begeisterung.

Stufe 3 Die Sicherheit des Beitragens

Wenn sich die Leistungsfähigkeit des Einzelnen in einem förderlichen Umfeld entfaltet, das Respekt und Erlaubnis bietet, gelangen wir in das Stadium der Sicherheit des Beitragens. Hier wird die Einzelne dazu eingeladen, sich als aktives und vollwertiges Mitglied des Teams zu beteiligen. Die Sicherheit des Beitragens ist eine Einladung und eine Erwartung, die Arbeit in einer zugewiesenen Rolle mit angemessenen Grenzen auszuführen, getragen von der Annahme, dass Sie in Ihrer Rolle kompetent arbeiten können. Wenn Sie nicht gegen die sozialen Normen des Teams verstoßen, wird Ihnen in der Regel die Sicherheit des Beitragens gewährt, wenn Sie die erforderlichen Fähigkeiten und zugewiesenen Aufgaben beherrschen.

> **Schlüsselprinzip:** In dem Maße, in dem die Einzelne ihre Kompetenz unter Beweis stellt, gewährt die Organisation ihr in der Regel mehr Autonomie, um ihren Beitrag zu leisten.

Der Übergang zur Sicherheit des Beitragens kann auch mit Zeugnissen, Titeln, Positionen und der formellen Übertragung von Autorität verbunden sein. Wenn zum Beispiel der Trainer den Spieler einer Sportmannschaft in die Startaufstellung beruft, erfolgt oft ein unmittelbarer Übergang zur Sicherheit des Beitragens. Wenn ein Krankenhaus eine gut qualifizierte Chirurgin einstellt, wird ihr formell die Sicherheit einer Mitarbeiterin gewährt. Wenn also formelle Autorität oder Referenzen Voraussetzung für eine Rolle sind, fungieren sie teilweise als Garant für psychologische Sicherheit, die auf dem offiziellen oder gesetzlichen Recht basiert, an einem bestimmten Ort einen Beitrag zu leisten.

Trotz der Fähigkeit, die entsprechende Aufgabe zu erfüllen, kann einer Person die Sicherheit des Beitragens aus unzulässigen Gründen verweigert werden, zum Beispiel wegen der Arroganz oder Unsicherheit der Führungskraft, persönlicher oder institutioneller Voreingenommenheit, Vorurteilen oder Diskriminierung, vorherrschender Teamnormen, die Unsensibilität, mangelndes Einfühlungsvermögen oder Unnahbarkeit verstärken. Die Sicherheit des Beitragens entsteht, wenn der Einzelne gute Leistungen erbringt, aber die Führungskraft und das Team müssen ihren Teil dazu beitragen, indem sie Ermutigung und angemessene Autonomie gewährleisten.

Stufe 4 Die Sicherheit des Herausforderns

Die letzte Stufe der psychologischen Sicherheit ermöglicht es Ihnen, den Status quo infrage zu stellen, ohne Vergeltung, Repressalien oder das Risiko, Ihr persönliches Ansehen oder Ihren Ruf zu beschädigen. Sie gibt Ihnen das Selbstvertrauen, in der Anwesenheit von Mächtigeren die Wahrheit zu sagen, wenn Sie der Meinung sind, dass sich etwas ändern muss und es an der Zeit ist, dies zu tun. Mit der Sicherheit des Herausforderns überwindet der Einzelne den Druck, sich anzupassen, und kann sich selbst in den kreativen Prozess einbringen.

LinkedIn analysierte seine umfangreiche Datenbank mit mehr als 50.000 Fähigkeiten und führte eine Studie durch, um die wichtigsten Sozialkompetenzen zu ermitteln. Können Sie erraten, welche Fähigkeit am gefragtesten war? Antwort: Kreativität.[15] Aber Kreativität ist nie genug. Nur wenn Menschen sich frei und kompetent fühlen, setzen sie ihre Kreativität ein. Jeder von uns hütet seine Kreativität hinter einem emotionalen Schloss. Wir drehen den Schlüssel von innen, um das Schloss zu öffnen – wenn unsere Umgebung sicher ist. Ohne die Sicherheit des Herausforderns ist das kaum möglich, denn Drohungen, Urteile und andere einschränkende Überzeugungen blockieren die Neugierde in uns selbst und in anderen.

> **Schlüsselfrage:** Wie wahrscheinlich ist es, dass Sie innovativ sind, wenn Sie um sich herum ein niedriges Maß an Respekt und Erlaubnis wahrnehmen?

Ein mittlerer Manager eines weltweit tätigen Unternehmens brachte es so auf den Punkt: „Ich bin sehr vorsichtig, wenn es darum geht, meinen Kopf zu riskieren und den Status quo infrage zu stellen. Wenn ich das tue und man mir nicht den Kopf abschlägt, werde ich es wieder tun. Wenn mir der Kopf abgeschlagen wird, können Sie sich darauf verlassen, dass ich meine Ideen für mich behalte."

Diese Aussage verdeutlicht den Instinkt zur Selbstzensur, den alle Menschen besitzen, und den inhärenten Wettbewerbsvorteil, den die Sicherheit des Herausforderns bietet. Das offene Klima der Sicherheit des Herausforderns ermöglicht es der Organisation, lokales Wissen von unten nach oben weiterzugeben und so ihre Anpassungsfähigkeit zu erhöhen. Aber das ist noch nicht alles: Es befähigt die Menschen auch, neugierig und kreativ zu sein.

Wenn man eine postmortale Analyse des Scheiterns fast jedes Unternehmens durchführt, das aufgeben muss, kann man die Todesursache auf einen Mangel an Sicherheit des Herausforderns zurückführen. Warum sind zum Beispiel Kodak, Blockbuster, Palm, Borders, Toys „R“ Us, Circuit City, Atari, Compaq, Radio Shack und AOL gescheitert? Sie haben ihren Wettbewerbsvorteil verloren, weil sie es versäumt haben, innovativ zu sein. Aber warum? Diese Unternehmen verfügten über eine große Anzahl hochintelligenter Mitarbeitender, und doch wurden sie alle Opfer von Wettbewerbsbedrohungen, die sich im Verborgenen abspielten. Die Gegenstrategien, die ihre Konkurrenten einsetzten, waren nicht geheimnisvoll. Sie waren in der Tat offensichtlich. Aber diese Unternehmen versäumten es, den Status quo infrage zu stellen und sich selbst zu verändern. Sie waren, wie Thoreau bemerkte, „im Grab der Gewohnheit begraben“. Sie ließen zu, dass der Status quo versteinerte, und erlaubten sich nicht, ihn zu ändern.

Der Prozess des Hinterfragens des Status quo führt normalerweise zu einem gewissen Grad an Konflikt, Konfrontation und manchmal auch zu einem gewissen Maß an Chaos. Wenn es Zensur oder Bestrafung gibt, wenn intellektuelle Konflikte zu zwischenmenschlichen Konflikten werden, wenn Angst zum Motivator wird, bricht der Prozess zusammen und die Menschen werden still.

> **Schlüsselprinzip:** Wo es keine Toleranz für Offenheit gibt, gibt es auch keine konstruktiven Meinungsverschiedenheiten. Wo es keine konstruktiven Meinungsverschiedenheiten gibt, erstirbt auch die Innovation.

Die Sicherheit des Herausforderns ist eine Lizenz zur Innovation. Es ist die Aufgabe der Führungskraft, die Spannungen zu bewältigen und das kollektive Genie der Menschen hervorzulocken und dann diesen wechselseitigen Prozess durch Versuch und Irrtum aufrechtzuerhalten. Brillante Kreativität entsteht durch die wechselseitige Abhängigkeit des Teams. Organisationen zögern jedoch oft, die Sicherheit des Herausforderns zu gewähren, weil dies die Machtstruktur, die Ressourcenzuweisung, die Anreize, das Belohnungssystem und die Arbeitsgeschwindigkeit bedroht. Innovation ist das Lebenselixier des Wachstums und gleichzeitig eine gewaltige kulturelle Herausforderung. Manche Unternehmen erreichen sie nie. Andere finden sie und verlieren sie dann. „Unternehmen haben Gewohnheiten“ stellt Brad Anderson, der CEO von Best Buy, fest, „und sie halten an ihren Gewohnheiten fest, manchmal auf Kosten ihres eigenen Überlebens.“[16] Dieses Muster gilt auch auf individueller Ebene.

> **Schlüsselfrage:** Welche versteinerten Gewohnheiten wollen Sie ändern?

Für viele Führungskräfte liegt es jenseits ihrer moralischen, emotionalen und intellektuellen Möglichkeiten, etwas zu erlauben, das sie selbst verletzlich macht. Deshalb sind sie nicht in der Lage, die Schwelle zur Innovation zu überschreiten und dieses hohe Maß an psychologischer Sicherheit in ihren Organisationen zu schaffen. Denken Sie an die Katastrophe der Raumfähre *Challenger,* die durch das Versagen der O-Ring-Dichtungen in den Verbindungsstellen der Triebwerke der Feststoffraketen verursacht wurde. Die Dichtungen waren nicht dafür ausgelegt, unter den kalten Bedingungen, die am Tag des Starts herrschten, ordnungsgemäß zu funktionieren. Experten warnten die NASA davor, das Shuttle bei Temperaturen unter 11 Grad Celsius zu starten, aber unter dem Druck früherer Startverzögerungen brachte die Führungsspitze die Kritiker zum Schweigen, ignorierte die Warnungen und machte weiter. Arroganz und mangelnde Sicherheit des Herausforderns trugen zu der Tragödie bei.

Bei meiner Arbeit mit Führungskräften in Organisationen, die in einem hochgradig dynamischen Umfeld tätig sind, stellen wir fest, dass diejenigen, die eine Sicherheit des Herausforderns schaffen, einen Wettbewerbsvorteil besitzen, weil sie in der Lage sind, den Innovationsprozess zu beschleunigen. Diejenigen, die dazu neigen, den formellen Status zu schätzen und Macht anzuhäufen, können das nicht, weil sie nicht, wie der Schachgroßmeister Gary Kasparow sagte, „den Mut haben, das Spiel zu sprengen". Sie sind nicht in der Lage, Verletzlichkeit zuzulassen, persönliche Interessen hintanzustellen und ihre Ego-Bedürfnisse loszulassen – sie sind der Aufgabe nicht gewachsen.

Um die Innovation im gesamten Unternehmen voranzutreiben, müssen die Führungskräfte das Infragestellen des Status quo zur Norm machen. Keine technologiegestützte Vorschlagssammlung oder kollaborative Brainstorm-Session wird ohne die Sicherheit des Herausforderns funktionieren. Und denken Sie daran, dass es schlimmer sein kann, auf einen Vorschlag nicht zu reagieren, als ihn rundheraus abzulehnen – was zumindest eine Anerkennung ist.

Im 21. Jahrhundert wird die Sicherheit des Herausforderns immer wichtiger, da sich die Märkte beschleunigen und die durchschnittliche Dauer des Wettbewerbsvorteils verkürzt wird. Im Jahr 1966 betrug die durchschnittliche Beschäftigungsdauer in den größten börsennotierten US-amerikanischen Unternehmen 33 Jahre. Bis 2016 schrumpfte sie auf 27 Jahre und wird bis 2027 voraussichtlich auf 12 Jahre sinken.[17]

Man geht davon aus, dass sich dieser Trend fortsetzen wird, ohne dass sich ein neues Gleichgewicht oder ein Zustand der Normalität einstellt. Mit Ausnahme einiger weniger Unternehmen, die mit ihrem Wettbewerbsvorteil einen unüberwindbaren Graben geschaffen haben, müssen Unternehmen die Sicherheit des Herausforderns schaffen und aufrechterhalten, da sie die Inkubationskraft ist, die ständige Innovationen ermöglicht. Ohne sie haben sie nicht die nötige Flexibilität, um wettbewerbsfähig zu sein.

Was ist, wenn eine Organisation ihr Erbe an Vorurteilen gegenüber Frauen, Minderheiten, religiösen Identitäten oder anderen menschlichen Merkmalen nicht bereinigt hat? Die meisten Organisationen gewähren Gleichstellung und Inklusion als offizielle Regel; nur wenige leben sie als Merkmal ihrer Kultur und ihres Verhaltens. Wie also kann eine Organisation die Vielfalt in der Zusammensetzung in eine aktive, selbstbewusste und lebendige Vielfalt im Handeln verwandeln? Ohne psychologische Sicherheit wird die intellektuelle Vielfalt brachliegen. Diejenigen, die im Verborgenen leben und arbeiten, werden ihren Forscherdrang unterdrücken. Sie werden sich nicht auf konstruktive Meinungsverschiedenheiten einlassen, weil sie es noch nie erlebt haben. Man hat ihnen auch nicht den Respekt und die Erlaubnis erteilt, sich zu beteiligen.

Die Bowlingbahn und die Ränder

Was passiert, wenn ein Team seinen Mitgliedern entweder Respekt oder Erlaubnis gewährt, aber nicht beides – wenn sich das Muster der psychologischen Sicherheit sozusagen von der Bowlingbahn an die Ränder auf der einen oder anderen Seite bewegt? (Siehe Abbildung 4 auf Seite 26, um die Position von Bevormundung und Ausbeutung in diesem Rahmen zu erkennen).

Wenn ein Team ein gewisses Maß an Respekt, aber nur sehr wenig Erlaubnis bietet, bewegt es sich zum Rand der Bevormundung. Bevormundende Führungskräfte verhalten sich wie Helikopter-Eltern und wohlwollende Diktatoren, die ihre Kinder durch kleine Gesten manipulieren, indem sie ihnen den Kopf tätscheln und ihnen sagen, sie sollen bestimmte Dinge nicht anfassen. Zu Beginn meiner Karriere bat der CEO eines kleinen Unternehmens, für das ich arbeitete, die Mitglieder unseres Teams um Feedback zur Organisation. Ich verstand die Signale falsch und glaubte fälschlicherweise, dass mir die Sicherheit des Herausforderns gewährt worden war, und verbrachte mehrere Stunden damit, ein Memo zu verfassen. Ich hörte nie eine Antwort vom CEO und erfuhr später von meinen Kollegen, dass die Bitte nicht echt war. Ich habe also aus eigenem Erleben gelernt, dass Bevormundung zu Zynismus und Desinteresse führt.

> **Schlüsselfrage:** Sehen Sie in Ihrer Familie, in der Schule oder am Arbeitsplatz Anzeichen von Bevormundung, bei dem Menschen andere durch kleine Gesten manipulieren und sie machtlos zurücklassen?

Was passiert jedoch, wenn ein Team zwar die Erlaubnis erteilt, einen Beitrag zu leisten, aber wenig Respekt vermittelt? In diesem Fall bewegt sich das Team zum Rand der Ausbeutung – ein Zustand, in dem die Führungskraft versucht, Werte zu erwirtschaften, ohne diejenigen, die diese Werte schaffen, wertzuschätzen. Im Extremfall handelt es sich um Sklaverei und Ausbeutung. Aber es gibt auch alltägliche Beispiele in Form von Beschämung, Belästigung und Mobbing. Man sollte meinen, dass dies einen allgemeinen Aufstand auslösen würde, doch die Menschen ertragen diese Misshandlungen routinemäßig, weil sie Angst haben, ihren Arbeitsplatz zu verlieren.

Schlüsselfragen: Sehen Sie in Ihrer Familie, in der Schule oder am Arbeitsplatz Anzeichen dafür, dass Menschen andere ausnutzen? Ist beschämendes, belästigendes oder schikanierendes Verhalten normal geworden?

Als Betriebsleiter war ich oft Zeuge eines Führungsstils, der auf Befehl und Kontrolle, Angst und Einschüchterung setzte, der die Menschlichkeit wenig beachtete und die Arbeitnehmer als Ware ansah. Infolgedessen ertappte ich mich dabei, dass ich Manager entweder als Konsumenten oder Mitwirkende einstufte. Verbraucher konsumieren. Das ist ihr Hauptimpuls. Sie neigen dazu, alles und jeden als Mittel zu ihrer eigenen Befriedigung zu sehen und betrachten Führung als einen Weg zu ihrem eigenen Vorteil. Ihr Führungsparadigma beruht auf der Prämisse, dass sie besser oder nützlicher sind als andere Menschen.

Auf der anderen Seite finden wir die Mitwirkenden. Sie sind bereit, zu dienen, aufzubauen, zu ermutigen und die Dinge zu verbessern. Auch sie streben nach persönlichem Erfolg, aber es gibt einen wichtigen Unterschied: Sie verzichten darauf, andere zu benutzen oder zu erschöpfen, um dies zu erreichen. Sie weigern sich, anderen auf die Füße zu treten, um zu bekommen, was sie wollen, und sind der festen Überzeugung, dass der Mensch das Ziel ist und nicht das Mittel.

Schlussgedanken

Überall sehe ich, dass die Vielfalt unkritisch gefeiert wird, aber die Vielfalt bringt nichts und nützt niemandem, wenn ihr Wert nicht herausgearbeitet werden kann. Die wichtigste Aufgabe einer Führungskraft – neben der Entwicklung einer Vision und der Festlegung einer Strategie – besteht darin, als sozialer Architekt zu agieren und ein Umfeld zu schaffen, in dem Menschen den Respekt und die Erlaubnis erhalten, (1) sich einbezogen zu fühlen, (2) zu lernen, (3) einen Beitrag zu leisten und (4) innovativ zu sein. Ein solches Umfeld zu schaffen und aufrechtzuerhalten, ist der Kern sowohl der Führungskräfteentwicklung als auch der Organisationskultur.

Schlüsselprinzip: Organisationen übertreffen ihre Führungskräfte nicht, sie spiegeln sie wider.

Die Schaffung psychologischer Sicherheit hängt davon ab, dass man den Ton angibt und das Verhalten vorlebt. Entweder man zeigt den Weg oder man steht im Weg. Wenn Sie lernen, die Früchte der psychologischen Sicherheit zu ernten, werden Sie Familien, Schulen, Organisationen und Gesellschaften verändern und es den Menschen ermöglichen, ihre tiefen Sehnsüchte zu verwirklichen – ein glückliches, verbundenes, kreatives, engagiertes und schöneres Leben zu führen.

Schlüsselprinzipien

- Psychologische Sicherheit ist ein Zustand, in dem man sich (1) einbezogen fühlt, (2) sich sicher genug fühlt, um zu lernen, (3), um etwas beizutragen und (4) um den Status quo infrage zu stellen – ohne Angst davor, beschämt, ausgegrenzt oder bestraft zu werden.
- Ein Unternehmen, das von seinen Mitarbeitenden erwartet, dass sie sich voll und ganz in die Arbeit einbringen, sollte den ganzen Mitarbeiter einbeziehen.
- Im 21. Jahrhundert wird ein hohes Maß an psychologischer Sicherheit zunehmend zu einer Bedingung für die Beschäftigung werden. Unternehmen, die dies nicht bieten, werden ihre besten Talente verlieren.
- Menschen blühen auf, wenn sie an einem kooperativen System mit hoher psychologischer Sicherheit beteiligt sind.
- Das Bedürfnis, akzeptiert zu werden, geht dem Bedürfnis, gehört zu werden, voraus.
- Ignoriert zu werden ist oft genauso schmerzhaft wie Ablehnung.
- Wenn Menschen keine Akzeptanz oder Anerkennung von anderen erhalten können, suchen sie oft als Ersatz nach Aufmerksamkeit, selbst wenn diese Aufmerksamkeit destruktiv ist.
- Wenn die Umwelt den Menschen herabsetzt, erniedrigt oder im Lernprozess grob korrigiert, wird die Sicherheit des Lernens zerstört.
- In dem Maße, in dem die Einzelne ihre Kompetenz unter Beweis stellt, gewährt die Organisation ihr in der Regel mehr Autonomie, um ihren Beitrag zu leisten.
- Wo es keine Toleranz für Offenheit gibt, gibt es auch keine konstruktiven Meinungsverschiedenheiten. Wo es keine konstruktiven Meinungsverschiedenheiten gibt, erstirbt auch die Innovation.
- Organisationen übertreffen ihre Führungskräfte nicht, sie spiegeln sie wider.

Schlüsselfragen

- Haben Sie jemals eine andere Person falsch eingeschätzt, weil Sie die kulturellen Unterschiede nicht verstanden haben?
- Gibt es Bereiche in Ihrem Leben, in denen ein Mangel an psychologischer Sicherheit Ihr Handeln, Ihr Leben und Ihr Glücksgefühl einschränkt?
- Wie wahrscheinlich ist es, dass Sie innovativ sind, wenn Sie um sich herum ein niedriges Maß an Respekt und Erlaubnis wahrnehmen?
- Welche versteinerten Gewohnheiten wollen Sie ändern?
- Sehen Sie in Ihrer Familie, in der Schule oder am Arbeitsplatz Anzeichen von Bevormundung, bei dem Menschen andere durch kleine Gesten manipulieren und sie machtlos zurücklassen?

- Sehen Sie in Ihrer Familie, in der Schule oder am Arbeitsplatz Anzeichen dafür, dass Menschen andere ausnutzen? Ist beschämendes, belästigendes oder schikanierendes Verhalten normal geworden?

Stufe 1
Die Sicherheit der Inklusion

Unsere Fähigkeit, Einheit in der Vielfalt zu erreichen, wird die Schönheit und die Reifeprüfung unserer Zivilisation sein.

– Mahatma Gandhi

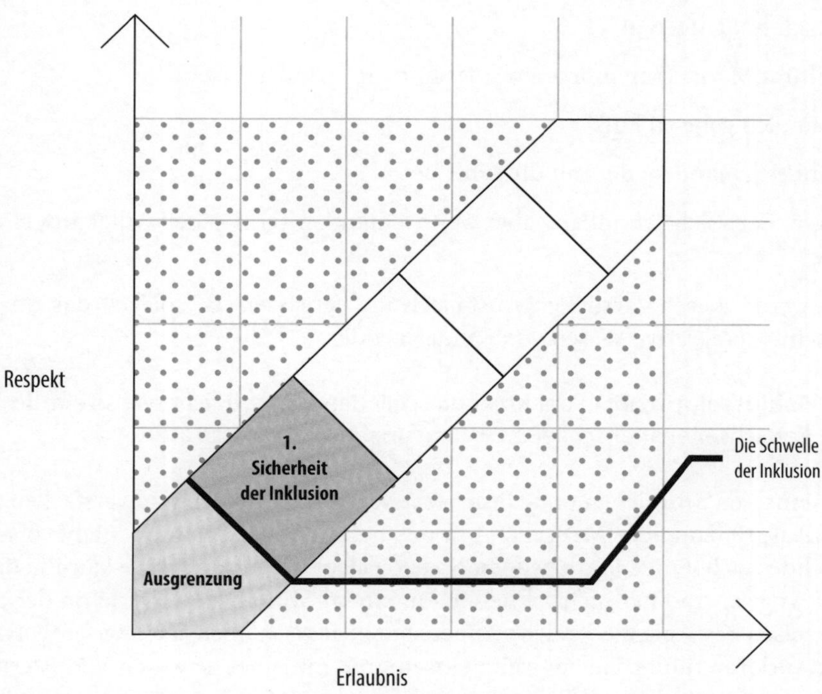

Abbildung 5: Den Weg zu Inklusion und Innovation betreten

Vielfalt ist eine Tatsache. Inklusion ist eine Entscheidung. Aber nicht irgendeine Entscheidung.

Schlüsselprinzip: Die Entscheidung, ein anderes menschliches Wesen einzubeziehen, aktiviert unsere Menschlichkeit.

Als erste Stufe der psychologischen Sicherheit ist die Sicherheit der Inklusion in ihrem reinsten Sinne nichts anderes als eine auf unserem Menschsein basierende Akzeptanz (Abbildung 5). Wenn Sie ein Mensch aus Fleisch und Blut sind, akzeptieren wir Sie. Das Konzept ist denkbar einfach, in der Praxis aber teuflisch schwierig. Wir lernen es im Kindergarten und verlernen es später wieder. Nur 36 Prozent der Geschäftsleute glauben heute, dass ihre Unternehmen eine integrative Kultur fördern.[1]

Ich erinnere mich an ein Gespräch mit meinem Sohn Ben nach seinem ersten Tag in der Kita:

„Wie hat dir dein erster Tag im Kindergarten gefallen, Ben?“, fragte ich. „Es hat Spaß gemacht, Dad.“

„Freust du dich darauf, morgen zum Kindergarten zu gehen?“

„Ja, ich bin aufgeregt.“

„Nimmt Mama dich morgen wieder mit zum Kindergarten?“

„Nein, ich gehe zu Fuß.“

„Gibt es jemanden, der mit dir geht?“

„Nein, Papa, ich gehe allein, aber wenn jemand mit mir gehen will, kann er das tun.“

Ich werde diesen zärtlichen Austausch nie vergessen. Er spiegelt das unverfälschte, integrative Wesen von Kindern wider.

Schlüsselprinzip: In der Kindheit schließen wir natürlicherweise ein, im Erwachsenenalter schließen wir auf unnatürliche Weise aus.

Aus unseren Schwächen und Unsicherheiten heraus formen und verstärken wir die Ausgrenzung der Menschen um uns herum. Aber das muss nicht so sein. Nachdem ich einige Jahre bei den Navajo gelebt hatte, zog meine Familie nach Los Angeles und ließ sich schließlich in einem Mittelklasse-Viertel in der San Francisco Bay Area nieder. Ich erinnere mich, dass ich mich als Junge entwurzelt und verloren fühlte. Gelangweilt, einsam und mit einer gewissen Verbitterung kämpfend, saß ich eines Tages auf der Veranda, als ein Junge aus der Nachbarschaft mit seinem Fahrrad vorfuhr. Er kam zu mir herüber und sagte, ohne zu zögern: „Hallo, ich bin Kenny.“ Im Handumdrehen fuhren wir zusammen Fahrrad, aßen Zwergorangen und fingen Alligator-Eidechsen. Der Junge, der sich mit mir anfreundete und mich im Alter von zehn Jahren so selbstbewusst aufnahm, ist heute Pastor Kenny Luck, Pastor der Camelback Church in Lake Forest, Kalifornien.

Nicht jeder wird mit Kennys Selbstvertrauen und Empathie geboren, aber die grundsätzliche Entscheidung, ob man etwas einbezieht oder ausschließt, hat nichts mit Können oder Persönlichkeit zu tun, obwohl diese Aspekte die Fähigkeit zur Inklusion verbessern können. Es geht mehr um die Absicht als um die Methode. Man kann Inklusion nicht per Gesetz festlegen, regulieren, trainieren, messen oder mit Tricks in die Welt bringen. Sie ist diesen Kräften nicht unterworfen. Sie ist ein Akt des Willens, der aus dem Königreich des Herzens fließt. Wenn es keine psychologische Sicherheit gibt, gibt es auch keine Inklusion.

Schlüsselprinzip: Die Inklusion eines anderen Menschen sollte ein Akt der anfänglichen Beurteilung auf der Grundlage der Würde dieser Person sein, nicht ein Akt der Beurteilung auf der Grundlage eines bestimmten Wertes dieser Person.

Unsere Kinder lernten in der Schule Passagen aus Martin Luther King Jr.'s Rede „I Have a Dream" auswendig. Ich kann sie immer noch die Zeile rezitieren hören: „Ich sehe einem Tag entgegen, an dem die Menschen nicht nach ihrer Hautfarbe beurteilt werden, sondern nach ihrem Charakter." Der Theologe Reinhold Niebuhr machte eine ähnliche Feststellung, als er sagte: „Wir werden in der Heiligen Schrift ermahnt, die Menschen nach ihren Früchten zu beurteilen, nicht nach ihren Wurzeln."[2]

Bevor wir andere als weniger würdig beurteilen, sollten wir uns vergegenwärtigen, dass Reverend King und Pastor Niebuhr vom Wert des Charakters sprechen – ich will damit sagen, dass die Würde an erster Stelle steht. Bei der Sicherheit der Inklusion geht es nicht um einen bestimmten Wert. Es geht darum, Menschen wie Menschen zu behandeln. Es geht um die Ausweitung von Gemeinschaft, Mitgliedschaft, Partnerschaft und Verbindung – unabhängig von Rang, Status, Geschlecht, Rasse, Aussehen, Intelligenz, Bildung, Glauben, Werten, Politik, Gewohnheiten, Traditionen, Sprache, Bräuchen, Geschichte oder anderen definierenden Merkmalen. Inklusion bedeutet den Eintritt in die Zivilisation. Wenn wir das nicht als Ausgangspunkt nehmen können, werden wir dem nicht gerecht, was Abraham Lincoln „die besseren Engel unseres Herzens" nannte.

Wenn wir die Sicherheit der Inklusion zurückhalten, ist das ein Zeichen dafür, dass wir einen Kampf mit unserer eigenen vorsätzlichen Blindheit führen. Wir betäuben uns selbst, indem wir verzaubernde Geschichten über unsere Besonderheit und Überlegenheit erzählen. Wenn es sich um einen leichten Fall von Aufgeblasenheit handelt, kann man das leicht abtun. Aber wenn es sich um einen schwereren Fall von narzisstischer Überlegenheit handelt, ist das ein größeres Problem. Und dann gibt es noch alles, was dazwischen liegt.

In unseren sozialen Umfeldern sollten wir eine Atmosphäre der Inklusion schaffen, bevor wir überhaupt an eine Beurteilung denken. Die Würde geht dem Wert voraus. Es gibt eine Zeit und einen Ort, an dem man über einen bestimmten Wert urteilen kann, aber wenn man jemandem erlaubt, die Schwelle zur Inklusion zu überschreiten, gibt es keinen Eignungstest. Wir wiegen nicht Ihren Charakter in der Waagschale, um zu sehen, ob Sie sich als unzulänglich erweisen. Ob Sie es verdient haben, aufgenommen zu werden, hat nichts mit Ihrer Persönlichkeit, Ihren Tugenden oder Fähigkeiten zu tun, nichts mit Ihrem Geschlecht, Ihrer Rasse, Ihrer ethnischen Zugehörigkeit, Ihrer Bildung oder irgendeiner anderen demografischen Variable, die Sie definiert. Auf dieser Ebene gibt es keine Disqualifikationen, außer einer: die Androhung von Verletzung.

Die einzige Gegenleistung in diesem ungeschriebenen Gesellschaftsvertrag ist der gegenseitige Austausch von Respekt und die Erlaubnis, dazuzugehören. Dieser Austausch ist gesetzlich nicht einklagbar. Natürlich gibt es Gesetze gegen Diskriminierung, aber wir können uns immer noch auf tausend Arten informell gegenseitig belästigen.

Ich möchte Ihnen ein Beispiel für einen A/B-Test zur Sicherheit der Inklusion geben. Ich habe zwei Autos. Das eine ist alt und rostig, hat 500.000 Kilometer auf dem Kilometerzähler und einen Wiederverkaufswert von 375 Dollar. Das andere ist eine schwarze Sportlimousine. Wenn ich dieses Auto zur Inspektion bringe, ist der Werkstattmitarbeiter sehr entgegenkommend. Wenn ich dagegen meine Rostlaube zur Inspektion bringe, ist der Angestellte manchmal leicht verächtlich. In beiden Fällen ist das Auto der wichtigste Indikator für meinen sozialen Status, und die Leute gewähren oder verweigern mir die Sicherheit der Inklusion aufgrund meines Autos, des Artefakts, in dem ich sitze. An manchen Tagen werde ich höflich ignoriert, an anderen Tagen fürsorglich beachtet. So empfindlich reagieren die Menschen auf diese Indikatoren, weil wir uns um den Status streiten wie die Affen um die Nüsse.

Schlüsselfragen: Behandeln Sie Menschen, die Sie als Personen mit niedrigerem Status betrachten, anders als Personen mit höherem Status? Wenn ja, warum?

Was sollte man tun, um sich für die Sicherheit der Inklusion zu qualifizieren? Zwei Dinge: Mensch sein und niemanden bedrohen. Wenn Sie beide Kriterien erfüllen, sind Sie qualifiziert. Wenn Sie nur eines erfüllen, sind Sie nicht qualifiziert. Der große afroamerikanische Kämpfer für die Sklavenbefreiung Frederick Douglass machte die endgültige Aussage über die Sicherheit der Inklusion, als er sagte: „Ich kenne keine Rechte der Rasse, die über den Rechten des Menschseins stehen.“ Diese Aussage kann auf jede Eigenschaft angewendet werden. Wenn wir uns gegenseitig die Sicherheit der Inklusion gewähren, ordnen wir unsere Unterschiede unter und berufen uns auf ein wichtigeres verbindendes Merkmal – unsere gemeinsame Menschlichkeit.

Die Tabelle 1 definiert Respekt und Erlaubnis in der ersten Stufe der psychologischen Sicherheit. Die Definition von Respekt in dieser Phase ist einfach der Respekt für die Menschlichkeit des Einzelnen. Erlaubnis ist in dieser Phase die Erlaubnis, die Sie einem anderen erteilen, Ihre persönliche Gesellschaft zu betreten und mit Ihnen als Mensch zu interagieren. Schließlich ist der soziale Austausch ein Tauschgeschäft, bei dem wir jedem Menschen die Sicherheit der Inklusion gewähren, vorausgesetzt, es geht keine Bedrohung von ihm aus.

Tabelle 1: Stufe 1 Die Sicherheit der Inklusion

Stufe	Definition von Respekt	Definition von Erlaubnis	Sozialer Austausch
1. Die Sicherheit der Inklusion	Respekt vor der Menschlichkeit des Einzelnen	Erlaubnis für die Person, Ihre persönliche Gesellschaft zu betreten	Inklusion für jeden Menschen, wenn von ihm keine Bedrohung ausgeht

Obwohl wir wissen, dass wir die Sicherheit der Inklusion auf alle ausdehnen sollten, sind wir sehr geschickt darin geworden, uns gegenseitig an den Rand zu drängen und die Grenzen zu überwachen. Wir spalten und zerteilen die menschliche Familie oder unterteilen sie nach Schichten. Manchmal gewähren wir teilweise oder bedingte Sicherheit der Inklusion. Manchmal widerrufen wir sie oder verweigern sie.

Schlüsselprinzip: Anstatt Sicherheit der Inklusion auf der Grundlage des Menschseins zu gewähren, neigen wir dazu, den Wert einer anderen Person anhand von Merkmalen wie Aussehen, sozialem Status oder materiellem Besitz zu beurteilen, obwohl diese Merkmale nichts mit der Menschenwürde zu tun haben.

Kimchi und unsere gemeinsame Menschlichkeit

Während meines Studiums hatte ich die Gelegenheit, als Fulbright-Stipendiat an der Seoul National University in Korea zu forschen. Die Universität bot mir einen Platz in ihrem sozialwissenschaftlichen Forschungszentrum an. An dem Tag, an dem ich ankam, begrüßte mich Professor Ahn Chung Si herzlich und führte mich durch das Zentrum, um die Mitarbeiter und andere Forscherinnen kennenzulernen. Meine anfängliche Besorgnis wich einem Gefühl der Zugehörigkeit, als mich zwei koreanische Doktoranden zum Mittagessen einluden. Ich war der Andere, der Fremde, der Außerirdische, der, der nicht dazugehörte. Aber ich wurde nicht verstoßen. Mit meiner Schüssel Reisknödelsuppe in der Hand setzte ich mich an einen der Tische in der Cafeteria und begrüßte bald andere Studenten und Dozentinnen. Nach einigem Zögern reichte mir ein Student, der neben mir saß, eine Schale Kimchi. Das war der Beginn einer außergewöhnlichen Erfahrung mit der Sicherheit der Inklusion.

Es stimmt, ich war der Neue, aber mir ist wichtig, dass die Sicherheit der Inklusion nicht nur ein Ausdruck von Gastfreundschaft ist. Man kann höflich sein und es nicht so meinen. Diese Art von oberflächlichem Verhalten ist eine unaufrichtige Art, sich an die üblichen Regeln des Anstands und der Etikette zu halten. Aber diese Studenten waren nicht nur an meinem ersten Tag freundlich und hilfsbereit, was ein Leichtes ist. Sie waren auch an meinem 30. Tag und an meinem 60. Tag und so weiter freundlich und hilfsbereit. Ich gehörte eindeutig nicht zu ihrer sozialen Gruppe und hatte das normale Verfallsdatum für die standardmäßige, obligatorische und respektvolle Behandlung überschritten. Aber nach vielen Wochen mit langen Tagen im Forschungszentrum haben sie die Sicherheit der Inklusion, die sie mir zuerst gewährt hatten, nie widerrufen. Sie war echt.

Schlüsselfragen: In jedem Leben gibt es Momente, in denen die Sicherheit der Inklusion den Unterschied ausmacht, wenn jemand die Hand ausstreckt, um Sie in einer schwierigen Situation aufzunehmen. Wann ist Ihnen das passiert? Welche Auswirkungen hatte es auf Ihr Leben? Geben Sie es weiter?

Lassen Sie uns dies in einen historischen Kontext stellen. Südkorea gilt als die neokonfuzianischste Gesellschaft der Welt, in der Statusdenken, Ungleichheit und angeborene Diskriminierung als Werte gelten. Die Menschenrechte haben eine kurze Geschichte, wurden aber in den letzten Jahren als eine Frage der politischen Zweckmäßigkeit anerkannt, nicht aufgrund eines religiösen oder philosophischen Verständnisses eines Naturgesetzes, von Unveräußerlichkeit oder gottgegebenem Recht. In dieser Gesellschaft sind die Rechte eher instrumentell als moralisch, eher ausgehandelt als unantastbar, eher gesetzlich geregelt als garantiert oder absolut. Im Konfuzianismus gibt es keine rationalen, rechtlichen oder moralischen Gründe für die Aufnahme in die Gesellschaft, sondern es werden vielmehr Loyalität, Hingabe, Treue und Gehorsam gegenüber Autoritäten betont, um die Harmonie und Stabilität der Gruppe zu fördern.

Was soll das alles bedeuten? Es bedeutet, dass ich ein Außenseiter bin. Es gibt keinen natürlichen Platz für mich in der koreanischen Gesellschaft oder Hierarchie. Und doch haben mich meine koreanischen Freunde auf eine Art und Weise einbezogen, die über ihre neokonfuzianische Tradition hinausging. Sie stellten die Umgangsformen hintan und gaben einem höheren Prinzip der Menschlichkeit den Vorrang. Anstatt sich auf die Unterschiede zu konzentrieren, betonten sie die Gemeinsamkeiten.[3] War ich jetzt Koreaner? Gewährten sie mir volle soziale und kulturelle Zugehörigkeit? Nein. Sie gewährten mir die Sicherheit der Inklusion, aber auf welcher Grundlage? War sie religiös, ethnisch, sozioökonomisch, geografisch, kulturell, politisch, rechtlich? Nichts von alledem. Sie basierte auf einer übergeordneten, ursprünglichen menschlichen Verbindung, die unsere Trennung überwand und bis zur Mitgliedschaft in einer universellen Familie vordrang.

Schlüsselfrage: Um die Sicherheit der Inklusion zu schaffen, ist es hilfreich, kulturelle Unterschiede zu verstehen. Aber man muss kein Experte für diese Unterschiede sein, sondern nur sensibel und wertschätzend mit ihnen umgehen. Wie erkennen Sie die kulturellen Unterschiede in Ihrem Team an und zeigen Sensibilität und Wertschätzung dafür?

Verhärtung des Konzepts der Gleichheit

Der Philosoph John Rawls erinnert uns an diese grundlegende Wahrheit: „Institutionen sind gerecht, wenn bei der Zuweisung grundlegender Rechte und Pflichten keine willkürlichen Unterscheidungen zwischen Personen getroffen werden."[5] Der Ausschluss eines Mitglieds einer sozialen Einheit aufgrund bewusster oder unbewusster Voreingenommenheit ist genau das: eine willkürliche Unterscheidung. Diese müssen, wie Rawls sagt, beseitigt werden, um „ein dauerhaftes System der gegenseitigen Zusammenarbeit aufzubauen".[6]

Es wird immer Unterschiede geben, aber es darf keine Barrieren geben. Es wird immer Mehrheiten und Minderheiten geben, aber wir sollten nie versuchen, uns gegenseitig zu entwerten, bis wir zu einem homogenen Haufen verschmelzen. Unsere Unterschiede machen uns aus.

Manche würden einwenden, dass wir uns ja nicht kennen. Wie können wir also Fremde akzeptieren, einbeziehen, tolerieren und mit ihnen in Kontakt treten? Tatsächlich zeigt die Forschung, dass die Vertrautheit zwischen den Teammitgliedern und die Qualität dieser Beziehungen, die auf früheren Interaktionen beruhen, zu den wichtigsten Faktoren für psychologische Sicherheit gehören.[7] Sicherheit der Inklusion zu gewähren bedeutet nicht, entwickelte Gefühle der Zuneigung zu zeigen. Ihre Gefühle können erwartungsvoll und arrogant sein, sie sind real. Fremdenfeindliche Argumente entstehen aber aus Unwissenheit, Angst, Eifersucht oder einem unehrlichen Wunsch nach Überlegenheit.

Schlüsselprinzip: Gott mag uns aus unterschiedlichem Ton gemacht haben, aber es gibt keinen Grund zu sagen, dass Ihr Ton besser ist als meiner.

Die Sicherheit der Inklusion muss man sich nicht verdienen, sondern sie wird einem geschuldet. Jeder Mensch hat ein nicht verhandelbares Recht auf sie. In der Tat können wir ohne sie unsere Zivilisation nicht aufrechterhalten.[8] Wir sehnen uns danach, dass wir einander Würde und Wertschätzung geben, wir verdienen sie voneinander und handeln unweigerlich moralisch, wenn wir die Sicherheit der Inklusion gewähren oder verweigern. Wenn keine Gefahr droht, sollten wir sie ohne Werturteil gewähren. Als grundlegende Verbindung der menschlichen Gesellschaft bietet die Sicherheit der Inklusion die beruhigende Gewissheit, dass Sie wichtig sind. Wenn Sie eine Führungskraft sind und wollen, dass Ihre Mitarbeitenden gute Leistungen bringen, müssen Sie die universelle Wahrheit verinnerlichen, dass Menschen Bestätigung wollen, brauchen und verdienen. Die Sicherheit der Inklusion erfordert, dass wir negative Voreingenommenheit, zerstörerische Vorurteile oder willkürliche Unterscheidungen verurteilen, in denen wir uns weigern, unsere Gleichwertigkeit und das Gebot der Gleichbehandlung anzuerkennen.

Wenn jeder Mensch es verdient, einbezogen zu werden, wenn wir alle ein Recht auf Gemeinschaft und Verbundenheit haben, wenn wir das Recht auf einen höflichen und respektvollen Umgang miteinander haben, wenn die Erwiderung von Freundlichkeit uns als Spezies definiert – dann haben wir die Pflicht, Nationalismus und Ethnozentrismus zu überwinden. Nationen, Gemeinschaften und Organisationen sind nicht die einzigen Übeltäter.[9] Wir erleben Entfremdung innerhalb von Familien, in denen sich Menschen gegenseitig meiden, verbannen und auf einen untergeordneten Status verweisen. Wir sehen Eltern und Kinder, die sich gegenseitig vernachlässigen oder verletzen. Und dann gibt es die glorreichen Triumphe, wenn wir es richtig machen, wenn wir die Hand der Gemeinschaft ausstrecken und in diesem Moment mit der Erfüllung einer echten menschlichen Verbindung gesegnet werden.

Wie wir die Sicherheit der Inklusion gewähren, verweigern und widerrufen

Nach dem Highschool-Abschluss nahm ich ein Sportstipendium an, um an der Brigham Young University American Football in der ersten Liga zu spielen. Als ich einen Monat vor Beginn des Sommertrainingslagers auf dem Campus ankam, wurden alle Neulinge in einem Wohnheim in der Nähe der Trainingsanlagen untergebracht. Da waren wir: eine Gruppe ethnisch und kulturell vielfältiger junger Männer wurde in eine stark strukturierte Umgebung gesteckt, eine Art paramilitärisches Bootcamp, in das wir plötzlich und vollständig eintauchten.

Wir gaben unsere persönliche Freiheit und unseren Freiraum auf und aßen, schliefen, duschten und schwitzten von da an gemeinsam. Die Maschinerie des Football-Trainings diktierte jeden Aspekt unseres täglichen Lebens. Meine Mannschaftskameraden kamen vor allem aus drei ethnischen Gruppen – Schwarze, Weiße und Polynesier. Aber das war nichts Neues. Obwohl wir aus allen Teilen des Landes zusammenkamen, war unsere ethnische Zusammensetzung den meisten von uns vertraut. Wir waren zutiefst in der ethnisch vielfältigen Subkultur des American Football sozialisiert worden und kannten deren Normen und Leistungsprinzipien.

Die Aufgabe bestand darin, eine neue Gesellschaft zu gründen, die sich sowohl nach darwinistischen als auch nach gemeinschaftlichen Grundsätzen organisiert. Eine Footballmannschaft konkurriert mit anderen Mannschaften, aber ihre Spieler konkurrieren miteinander. Während die externe Rivalität institutionell ist, ist die interne Rivalität persönlich. Man konkurriert vielleicht mit dem Mann, der im Bett neben einem schläft. Wir spielten ein endliches Nullsummenspiel. Die Einführung des Elements des Wettbewerbs verändert die Dynamik einer Gesellschaft und die Bedingungen für die Gewährung oder Verweigerung der Sicherheit der Inklusion. Die vorherrschenden Normen waren gleichzeitig kollegial und gegnerisch, und diese Dualität wurde während der gesamten Erfahrung beibehalten. Der Mannschaftskamerad konnte Freund und Feind zugleich sein.

Die Natur des Teamsportumfelds beschleunigt die Entwicklung von Vertrautheit, die für die Bildung von psychologischer Sicherheit von enormer Bedeutung ist. Wie soziometrische Untersuchungen des MIT Human Dynamics Lab belegen, kann man umso effektiver zusammenarbeiten, je schneller und tiefer man sich kennenlernt.[10] Mehr Kontakt und Kontext führen zu mehr Empathie.

Am ersten Tag lernten wir uns langsam kennen, da wir wussten, dass wir am nächsten Tag mit dem Training und den Wettkämpfen beginnen würden. Diese Tatsache ließ die kollegialen und gegnerischen Kräfte aufeinanderprallen. Folglich waren unsere ersten Begrüßungen bei den Mitspielern, die nicht auf der gleichen Position spielten, herzlich und bei denen, die auf der gleichen Position eingesetzt wurden, eher kühl. Jeder Spieler triefte nur so vor Ehrungen und Auszeichnungen, sodass Übermut und Angeberei ein Zeichen von Unsicherheit und ein klares Signal dafür waren, dass ein Spieler nicht so gut war, wie er angekündigt wurde.

In dieser Art modernem Blutsport kann man eine rhetorische Karriere nicht lange durchhalten. Die Leistung spricht für sich. Football war unser gemeinsames Bestreben, aber der interne Wettbewerb war ein spaltendes Element. Wir waren zwar formell in die Mannschaft aufgenommen, aber die Sicherheit der Inklusion war eine individuelle Angelegenheit. Ironischerweise nahmen wir uns gegenseitig auf oder verweigerten die Aufnahme, als wir selbst in den Verein aufgenommen wurden.

Anstatt uns zu einer zusammenhängenden Gruppe zusammenzuschließen, balkanisierten wir uns in kleinere Gruppen auf der Grundlage von Rasse oder Geografie. Und dann waren da natürlich noch die Spieler der Offensiven Linie, die sich zu einer einzigartigen Bruderschaft von empfindlichen, industrietauglichen Männern zusammenfanden und die Tore hinter sich schlossen. Ich hingegen spielte auf einer defensiven Position, wo diese Art der Bindung unsere Gladiatoren-Subkultur vereiteln würde. Nach einer Woche mit dem, was Edgar Schein vom MIT „spontane Interaktion" nennen würde, konnte man sehen, wie sich Normen zu bilden begannen.[11] Aber eine Woche später kamen die Schüler des älteren Jahrgangs und unsere kleine Gesellschaft, die sich organisch entwickelt hatte, wurde vom umfassenderen System verschluckt.

Wenn man sich einer bestehenden Organisation anschließt, wie ich es bei der Football-Mannschaft getan habe, erbt man ein kulturelles Vermächtnis, das auf fortbestehenden Normen beruht. Wenn man nicht gerade ein neues soziales Kollektiv gründet, fängt man nicht von vorn an. In unserem Fall konnten wir Neuankömmlinge einen unbelasteten Neuanfang machen und errichteten eine temporäre Gesellschaft, die dann abrupt aufgelöst wurde. Als der Rest des Teams ankam, war es, als wäre das Mutterschiff mit seiner Fracht an Artefakten, Gewohnheiten, Bräuchen, Sitten und Machtverteilung gelandet. Hier kamen die unnachgiebige Orthodoxie und der Status quo der Abläufe, die alle vom Trainerstab geformt und verstärkt wurden. Pünktlichkeitsregel? Wird durchgesetzt. Kleiderordnung? Wird nicht durchgesetzt. Respekt-Regel? Wird durchgesetzt. Keine Obszönitäten? Wird nicht durchgesetzt. Und so weiter. Als wir in die reguläre Saison eintraten, kam allmählich die Sicherheit der Inklusion zum Vorschein. Die internen Rivalitäten legten sich, und wir kamen zusammen.

Jetzt kam die Lektion meines Lebens in Bezug zur Sicherheit der Inklusion: Auf halber Strecke der Saison zog ich mir eine schwere Verletzung zu. Als ich die Diagnose erhielt, dass ich meinen Knöchel schwer verletzt hatte und operiert werden musste, änderte sich mein Status plötzlich und dramatisch. Mein Positionstrainer entzog mir durch eine stille Kampagne der Vernachlässigung die Sicherheit der Inklusion. Ich war verletzt und daher nicht in der Lage, einen Beitrag zur Mannschaft zu leisten. Für ihn war ich nun unsichtbar. Er hatte mir eine bedingte Sicherheit der Inklusion gewährt, die nicht auf meiner Würde als Mensch beruhte, sondern auf meinem Wert als Spieler. In dem Moment, in dem ich mich verletzte und für die Mannschaft nicht mehr nützlich war, entzog er mir durch subtile und unmissverständliche Gleichgültigkeit seine Kameradschaft. Diese Gleichgültigkeit schmerzte. Wie ich schnell lernte, ist die Sicherheit der Inklusion, wenn sie einmal aufgebaut ist, zerbrechlich, empfindlich und unbeständig.

Schlüsselprinzip: In jeder sozialen Einheit kann die Sicherheit der Inklusion gewährt, verweigert, widerrufen oder teilweise bzw. unter Vorbehalt gewährt werden.

Wie wir uns mit schlechten Theorien der Überlegenheit selbst beruhigen

Theorien haben Konsequenzen. Zu oft haben wir unsere Gesellschaften auf der Grundlage intellektuell unsauberer Theorien gestaltet. Unabhängig davon, in welcher Gesellschaft Sie leben, hat der Blick der Historiker gezeigt, dass fast jede Gesellschaft ihren Ursprung in Bigotterie, Diskriminierung, Eroberung, Knechtschaft und Ausbeutung hat. Regierungen und Herrscher haben einen Großteil ihrer Zeit damit verbracht, Theorien der Überlegenheit zu erfinden, um ihren Griff nach der Macht zu rechtfertigen. Um das Ganze respektabel zu machen und ihm die Illusion von Moral zu verleihen, verpacken sie Privilegien und Macht als politische Ideologie.[12] Wir tun dasselbe auf persönlicher Ebene, wenn wir uns in Vorstellungen von Überlegenheit verlieren und uns selbst einen höheren Status zugestehen.

Schlüsselprinzip: Wir erzählen uns gerne schmeichelhafte Geschichten, um unser Gefühl der Überlegenheit zu rechtfertigen.

Theorien der Überlegenheit wollen aufzeigen, dass – in den Worten von George Orwell – „alle Tiere gleich sind, aber einige Tiere gleicher sind als andere". Ich erinnere mich, dass ich als Student Hitlers *Mein Kampf* gelesen habe. Ich musste mir die Nase zuhalten, aber ich las weiter, weil ich fasziniert davon war, dass dieses Werk genetischen Größenwahns so viele Menschen beeinflusst hatte. Es ist betörend, wenn einem jemand sagt, dass man besser ist als alle anderen, dass man ungerecht behandelt wurde und dass man mehr verdient hat.

Es ist die gleiche oberflächliche These, die wir in allen Theorien der Überlegenheit und des biologischen Determinismus sowie in allen Versuchen des intellektuellen Imperialismus finden. Sie beginnt mit einer falschen Behauptung der Überlegenheit oder der Auserwähltheit aus irgendwelchen Gründen und geht dann über zu einem Aufruf zum Handeln: Ihr seid in der Minderheit, ihr seid in Gefahr, und ihr müsst euch erheben und euch verteidigen. Leider waren absurde Ausprägungen des Sozialdarwinismus schon immer wirksam, wenn sie mit Dringlichkeit und Gelehrsamkeit vorgetragen wurden. Die Menschen fallen darauf herein. Und es ist wirklich egal, wessen Überlegenheitstheorie man liest; es sind Darstellungen von Heuchelei, gemischt mit Nationalismus, die auf denselben verschleierten Versuchen beruhen, das Vasallentum der Vergangenheit zu bewahren.

Schlüsselfragen: Fühlen Sie sich anderen Menschen überlegen? Wenn ja, warum?

So schockierend es auch klingen mag, Theorien der Überlegenheit haben die menschlichen Gesellschaften seit Jahrtausenden beherrscht. Aristoteles, einer der ersten Machttheoretiker, erklärte: „Es ist klar, dass einige Menschen von Natur aus frei und andere von Natur aus Sklaven sind, und dass für letztere die Sklaverei sowohl zweckmäßig als auch richtig ist."[13] Unsere Bibliotheken sind voll von Theorien der Überlegenheit, weil wir den unbändigen Wunsch haben, ein wenig besonderer zu sein als der andere Mensch. John Adams schrieb: „Ich glaube, es gibt kein Prinzip, das in der menschlichen Natur in jeder Lebensphase, von der Wiege bis zur Bahre, bei Männern und Frauen, Alten und Jungen, Schwarzen und Weißen, Reichen und Armen, höher und niedriger Gestellten, so sehr vorherrscht wie die Leidenschaft für Überlegenheit."[14]

Wie können wir uns vor dem Hintergrund der Geschichte damit herausreden, dass die menschliche Natur voller Paradoxien, Widersprüche und Komplexitäten ist? Es ist gefährlich und falsch, die Tradition der natürlichen Menschenrechte nur als eine von vielen Propagandatraditionen abzutun. Wie oft haben wir unsere Eitelkeit als Moralphilosophie verkleidet? Wie oft haben wir den Elitismus als die von Natur aus geformte Ordnung des Himmels getarnt?

Zum Glück gibt es viele Menschen, die solche Annahmen keinen Glauben mehr schenken. Aber viele tun es. In unserer modernen Gesellschaft haben wir die umfassenden Theorien der vererbten Aristokratie längst verworfen, aber wir schaffen und erhalten weiterhin informelle Versionen, die dasselbe bewirken. Sie zeigen sich in Form von Stereotypen, Ressentiments, Voreingenommenheit und Vorurteilen und verbergen sich in unseren Werten, Annahmen und unserem Verhalten.

Als ich meinen Dienst als Betriebsleiter bei Geneva Steel antrat, führte ich eine Reihe von Rundgängen durch das Werk durch. Ich reiste von Anlage zu Anlage, hielt Town-Hall-Meetings ab, begrüßte die Manager sowie die Produktions- und Wartungsarbeiter. Ich begann in der Kokerei und besuchte dann die Hochöfen, die Stahlerzeugung, die Gießerei, die Walzwerke, die Veredelungsanlagen, den Versand und Transport sowie die zentrale Instandhaltung.

In der Kokerei drängten mich zwei Produktionsarbeiter in die Ecke. Sie setzten ihre Schutzhelme und Schutzbrillen ab und zeigten mir Gesichter, die von Schweiß und Ruß bedeckt waren. „Mr. Clark", sagten sie ehrerbietig, „danke, dass Sie unsere Abteilung besuchen. Wir wissen, dass Sie neu in Ihrer Position als Betriebsleiter sind. Wir wissen, dass Sie alle Abteilungen besuchen werden, aber wir wollten Sie nur wissen lassen, dass unsere Abteilung ein wenig anders ist als die anderen. Unsere Abteilung ist ein wenig komplizierter als die anderen, und es erfordert ein wenig mehr Fachwissen, um das zu tun, was wir tun. Wenn wir nicht hier wären, würde das Werk morgen geschlossen werden. Sie legten ihre Argumente dar und begründeten ihre Forderung. Ich antwortete höflich: „Danke, dass Sie mir das mitgeteilt haben. Ich weiß Ihr Feedback zu schätzen."

Diese Szene wiederholte sich in jeder Abteilung. Die Gesichter waren unterschiedlich, aber das Drehbuch war das gleiche. Nach meinem einwöchigen Rundgang wurde mir klar, dass jede Abteilung ein wenig wichtiger war als die anderen, besetzt mit einer besonderen Klasse von Menschen, die das taten, was sonst niemand tun konnte. Sie alle schoben ihre Brüder und Schwestern sanft beiseite, um sich zu profilieren. Ich nehme an, dass wir alle schon einmal eine ähnliche Behauptung aufgestellt haben oder versucht waren, sie aufzustellen, und der großen Illusion der Überlegenheit zum Opfer gefallen sind.

Schlüsselfrage: Ist das moralische Prinzip der Inklusion für Sie eine bequeme oder unbequeme Wahrheit?

Die Elite und der Rest

Die US-Verfassung erleuchtet die Welt mit einer unmissverständlichen Erklärung der Menschenrechte, aber es hat Generationen gebraucht, um den Mut zu finden, die legalisierte Diskriminierung aufzuheben und das Gebäude der falschen Überlegenheit abzubauen. 1776 schrieb Abigail Adams an ihren Mann John: „Ich wünsche, dass du die Frauen nicht vergisst. Wir Frauen wollen uns nicht durch Gesetze binden lassen, bei denen wir keine Stimme oder Vertretung haben." Zwei Jahre später ratifizierten die ursprünglichen amerikanischen Kolonien die US-Verfassung. Obwohl das Dokument die erste Regierungsurkunde war, die die Gleichheit aller Menschen anerkannte, wurden Ausnahmen gemacht und die darin verankerten Ideale verletzt: Sklaverei wurde zugelassen, Sklaven entsprachen drei Fünftel eines „normalen" Menschen, und nicht zuletzt wurde den Frauen das Wahlrecht verweigert. Frauen durften auch kein Eigentum besitzen, ihr eigenes Gehalt nicht behalten und in einigen Bundesstaaten sogar ihren Ehemann nicht selbst wählen. Die US-Verfassung forderte Inklusion, aber allzu oft praktizierten wir Ausgrenzung. Es sollte noch viele Generationen dauern, bis die propagierten Werte verinnerlicht waren, denn Überlegenheitstheorien waren in der amerikanischen Psyche tief verwurzelt, so wie in allen anderen Nationen auch.[15] Denken Sie an die folgenden offiziellen Akte der Ausgrenzung:

- Der Kongress verabschiedete 1790 das Einbürgerungsgesetz, in dem festgelegt wurde, dass nur Weiße zu Bürgern der Nation werden konnten.
- Der Kongress verabschiedete 1830 den Indian Removal Act, um die amerikanischen Ureinwohner aus ihren Stammesgebieten zu vertreiben.

- Lincoln erließ 1863 die Emanzipationsproklamation, wodurch die Sklaverei in den Südstaaten verboten wurde, die nach deren Inkrafttreten Teil der Konföderierten Staaten von Amerika waren. Aber einige Südstaaten erließen Jim-Crow-Gesetze, um die Diskriminierung weiterhin durchzusetzen, und der Oberste Gerichtshof legte mit seiner Rechtsdoktrin „getrennt aber gleich" nach, durch die es in allen öffentlichen Einrichtungen getrennte Bereiche für Weiße und Schwarze gab.
- Im Jahr 1882 verabschiedete der Kongress den Chinese Exclusion Act, der die Einwanderung von Chinesen verbot.
- Im Jahr 1910 arbeiteten 1,6 Millionen Kinder im Alter von zehn bis fünfzehn Jahren in Fabriken. Der Fair Labor Standards Act verbot die Kinderarbeit erst 1938.
- Das Wahlrecht für Frauen wurde erst mit der Verabschiedung des 19. Verfassungszusatzes im Jahr 1920 eingeführt.
- 1942 genehmigte Präsident Franklin D. Roosevelt die Evakuierung und Inhaftierung von 127.000 japanischen Amerikanern von der Westküste in Internierungslager.
- Die hispanoamerikanischen Arbeitnehmer erhielten erst in den 1950er-Jahren das Recht, sich gewerkschaftlich zu organisieren.
- Letztlich haben wir unsere Einwanderungsgesetze erst mit dem Einwanderungsgesetz von 1965 von vorsätzlichen und systematischen Vorurteilen befreit.

Aber was ist mit unserer Kultur? Wir kämpfen weiterhin für die Beseitigung von Ungleichheit und Vorstellungen von männlicher und angelsächsischer Vorherrschaft. Wie meine Teenager-Tochter fragt: „Papa, warum gibt es immer noch Lohnungleichheit zwischen den Geschlechtern?"

Wir haben den größten Teil unserer politischen Strukturen von Diskriminierung befreit, aber haben sich unsere Herzen verändert? Sind wir eine integrativere Gesellschaft geworden? Eine aktuelle Studie von Ernst & Young zeigt, dass weniger als die Hälfte der Arbeitnehmer ihren Chefs und Arbeitgebern vertrauen.[16] **Wo es kein Vertrauen gibt, gibt es Ausgrenzung.** Diese Zahl ist besorgniserregend, denn wir wissen, dass uns Vertrauen zusammenschweißt.[17] Wenn Vertrautheit, die auf der Häufigkeit der Interaktion beruht, diese erstaunliche Fähigkeit hat, Voreingenommenheit und Misstrauen zu beseitigen, warum sind dann die Vertrauenszahlen so niedrig?

Dies ist der Unterschied zwischen „Gesellschaft versus Gemeinschaft".[18] Wir würden erwarten, dass eine vertrauensvolle Gemeinschaft in einer eher misstrauischen Gesellschaft zu finden ist. Es sollte proportional mehr Vertrauen geben, wenn wir zu kleineren sozialen Einheiten übergehen. In Organisationen sollte mehr Vertrauen zu finden sein als bei Regierungen. In Teams sollte mehr Vertrauen lebendig sein als Organisationen. In Familien sollte mehr Vertrauen sein als in Teams, und in Ehen sollte das stärkste Vertrauen wirken. Es sollte mehr Vertrauen und geringere Transaktionskosten in unseren Interaktionen geben, wenn wir von großen zu kleinen Einheiten übergehen.[19] Wenn dies wahr ist, und ich denke, das ist es, dann kommen wir nicht weiter, solange wir uns nicht gegenseitig die Sicherheit der Inklusion gewähren.

Was steht der Sicherheit der Inklusion im Weg? Die Psychologin Carol Dweck hat sagt: „Ihre Misserfolge und Missgeschicke bedrohen andere Menschen nicht. Es sind Ihre Vorzüge und Ihre Erfolge, die für Menschen, die ihr Selbstwertgefühl aus Überlegenheit ableiten, ein Problem darstellen.[20] Die Ironie liegt darin, dass wir uns aufgrund unserer Unsicherheit weigern, uns gegenseitig wertzuschätzen, was genau das ist, was die Unsicherheit heilt. Dieses unbefriedigte Bedürfnis äußert sich in Eifersucht, Ressentiments und Verachtung. Heute ist die Gesellschaft überfüllt mit Unfreundlichkeit, und Hass ist zu einer wachsenden Industrie geworden.

> **Schlüsselprinzip:** Die Ausgrenzung einer Person ist häufiger das Ergebnis von unbefriedigten persönlichen Bedürfnissen und Unsicherheiten als einer echten Abneigung gegen die Person.

Wie oft sind Sie schon misstrauisch oder kritisch gegenüber jemandem gewesen, den Sie nicht wirklich kannten, und als Sie diese Person kennenlernten, änderte sich Ihre Einstellung grundlegend? Unterschiede stoßen uns anfangs oft ab, aber wenn wir unser Urteil aussetzen, können wir diese Unterschiede überbrücken. Als ich studierte, belegte ich einen Kurs bei einem Professor mit radikalen Ansichten und machte mich auf einen Kampf gefasst. Ich ging zur Vorlesung und erfuhr, dass dieser Mann tatsächlich ganz andere Ansichten vertrat als ich, aber wir entwickelten eine wunderbare Freundschaft, die mich an die zwischen Ruth Bader Ginsberg und Antonin Scalia erinnerte. Beide waren Richter am Obersten Gerichtshof der Vereinigten Staaten, mit sehr unterschiedlichen Persönlichkeiten. Scalia war temperamentvoll, Ginsburg eher zurückhaltend. Ihre öffentlichen Meinungsverschiedenheiten gingen mit einer privaten Freundschaft einher. Auch mein Professor und ich hatten wunderbare Meinungsverschiedenheiten, aber sie gingen mit tiefem gegenseitigem Respekt einher. Wenn wir nicht aufpassen, gibt es zahllose Möglichkeiten, die Sicherheit der Inklusion zu verweigern. Und wenn wir uns gegenseitig entmenschlichen, geben wir uns selbst die Erlaubnis, einander zu hassen und zu verletzen.

Ich habe einmal mit einem Führungsteam gearbeitet, dessen Mitglieder sich gegenseitig die Sicherheit der Inklusion entzogen hatten. Sie waren juristische Führungskräfte eines Unternehmens, hatten sich aber gegenseitig die kulturellen Pässe entzogen. Das Team harmonierte nicht. Sie stritten sich und konnten es kaum ertragen, im selben Raum zu sein. In meinem Gespräch mit einer Mitarbeiterin sagte sie: „Wir müssen uns nicht mögen, wir müssen nur zusammenarbeiten, also ist es eigentlich egal. Mir geht es nur darum, den Job zu erledigen. Die Beziehungen sind mir sowieso nicht so wichtig."

Eine andere Führungskraft, mit der ich zusammengearbeitet habe, setzte ihre Dominanz durch, indem sie willkürlich die Sicherheit der Inklusion gewährte und entzog. An einem Tag war man in ihrer Gunst, am nächsten Tag nicht mehr, man wurde respektiert, dann vernachlässigt, wurde angehört, bald darauf ignoriert, umschmeichelt und bald nicht mehr beachtet, gecoacht, um schon bald zu etwas gezwungen zu werden, man wurde getröstet und bald darauf verletzt. Um es klar zu sagen: Psychospielchen sind eine Form des Missbrauchs, bei der ein Mensch mit einem anderen spielt. Diese Art der Interaktion ist moralische Feigheit vom Feinsten.

Die Familie als Reich des vollen Vertrauens

Das Wort *Akzeptanz* bedeutet, man stimmt zu, dass der andere zu einem gehört. Das Wort *Inklusion* bedeutet, dass man den Status einer Zugehörigkeit oder Verbindung zu einer Gruppe hat. Denken Sie nun in Bezug zur Familie über diese beiden Wörter nach. Die Beziehung zwischen Ehemann und Ehefrau beruht auf der Zustimmung, dass der andere zu einem gehört. Die Familie, die aus dieser Verbindung entsteht, ist eine neue Einheit, an der beide beteiligt sind. Wenn ein Ehepartner dem anderen die Mitgliedschaft verweigert, funktioniert diese soziale Einheit nicht. Das rechtliche Band, das sie zusammenhält, mag intakt sein, aber die Realität ihrer Verbindung hat sich verflüchtigt.

Die gegenseitige Abhängigkeit in der Ehe ist grundlegender als in jedem anderen sozialen Kollektiv. Sie ist zerbrechlich und doch dazu bestimmt, der Ort des größten Vertrauens zu sein. In jedem Moment kann eine Seite der anderen die Sicherheit der Inklusion entziehen. Der Respekt und die Erlaubnis zur Teilhabe, die Ehepartner einander gewähren, sind die Grundlage ihrer gegenseitigen Abhängigkeit, ihres Erfolgs und ihres Glücks. Diese Sicherheit der Inklusion ist dynamisch und vergänglich. Sie muss jeden Tag erneuert werden. Besonders in der Ehe muss der Respekt in Gesten der Freundlichkeit, des Dienens und des Verzichts umgesetzt werden. Ohne eine beständige Aufmerksamkeit für Gesten des Respekts wird die Beziehung durch Vernachlässigung verkümmern. In einer gleichberechtigten Partnerschaft, in der beide Ehepartner sich beteiligen und dem anderen gleiche Macht- und Beteiligungsrechte zugestehen, wird die Beziehung wahrscheinlich eine dauerhaft hohe Sicherheit der Inklusion und eine zutiefst erfüllende Erfahrung für beide hervorbringen.

Die Beziehung zwischen Eltern und Kindern ist etwas anders. Kinder beginnen ihr Leben in einem Stadium der Abhängigkeit und gehen im Prozess des Lernens und Wachsens hoffentlich zu einem Stadium der wechselseitigen Abhängigkeit über. Ein Stadium der reinen Abhängigkeit ist natürlich eine Fiktion. In diesem Entwicklungsprozess ist das Zusammenspiel von Liebe und Verantwortlichkeit von großer Bedeutung. Eltern sollten schlechtes Verhalten nicht dulden, aber sie sollten das Kind auch nicht dafür verurteilen. Das Kind ist viel eher in der Lage, sowohl Rechte als auch Verantwortung zu erlernen, wenn es in einer Umgebung aufwächst, die ihm die Sicherheit der Inklusion gewährt. Es ist die schwer erreichbare Kombination aus Liebe und Verantwortlichkeit, über die so viele von uns stolpern. Ich bin schon oft gestolpert, aber oft zum Entsetzen meiner Kinder habe ich gelernt, „Ich liebe dich und du bist für dein Handeln verantwortlich" im selben Satz zu sagen und es auch zu meinen.

Schlüsselfragen: Die soziale Grundeinheit der Familie ist das wichtigste Labor für die Erziehung zu einem verantwortlichen Mitglied der Gemeinschaft, wozu auch das Gewähren der Sicherheit der Inklusion gehört. Haben Sie dies in Ihrer Familie gelernt? Wenn nicht, haben Sie die Absicht, in Ihrer Familie einen Wandel herbeizuführen und der nächsten Generation ein Vorbild in Sachen Sicherheit zu sein?

Erst das Verhalten, dann die Überzeugung

Was ist, wenn Sie nicht die Überzeugung aufbringen können, jemanden aufzunehmen? Was ist, wenn Sie eine tiefsitzende Voreingenommenheit oder ein Vorurteil haben, das Sie nicht aus Ihrem Herzen verbannen können? Wie überwindet man sie? Wo finden wir, um es mit Kafkas Worten zu sagen, „die Axt für das gefrorene Meer in uns"?[21] Klar ist, wenn Sie sich zurücklehnen und darauf warten, dass sich Ihr Herz ändert, wird sich nicht viel tun.

Es gibt keinen Menschen, der nicht zumindest Spuren negativer Vorurteile gegenüber einer menschlichen Eigenschaft hat. Bei einigen von uns sind sie stärker ausgeprägt als bei anderen. Wir müssen ehrlich sein in Bezug auf unsere eigene Voreingenommenheit und unsere Vorurteile, und hart daran arbeiten, sie zu beseitigen. **Vielfalt ist keine Frage unserer Entscheidungen; Vielfalt ist einfach da. Es ist unsere Aufgabe, sie anzunehmen.**

Schlüsselfragen: Welche bewussten Vorurteile haben Sie? Fragen Sie einen vertrauenswürdigen Freund, wo Sie möglicherweise unbewusste Vorurteile haben. Und schließlich: Wo wenden Sie weiche Formen der Ausgrenzung an, um Barrieren aufrechtzuerhalten?

Lernen Sie zuerst, sich selbst zu lieben. Menschen mit geringem Selbstwertgefühl haben es schwer, integrativ zu sein. Wie hoch Ihr Selbstwertgefühl auch sein mag, es wirkt sich auch auf Ihr zwischenmenschliches Verhalten aus. Wie Nathaniel Branden feststellt, „zeigt die Forschung, dass ein gut entwickeltes Gefühl für den persönlichen Wert und die Autonomie in erheblichem Maße mit Freundlichkeit, Großzügigkeit, sozialer Zusammenarbeit und einem Geist der gegenseitigen Hilfe zusammenhängt."[22] Der beste und schnellste Weg, um Selbstachtung zu entwickeln, besteht darin, seine eigenen Fähigkeiten und sein Selbstvertrauen zu stärken und anderen zu helfen, vor allem denen, die man nur schwer einbeziehen kann.

Denken Sie an die traditionellen Ansätze, die die meisten Organisationen in Bezug auf Vielfalt und Integration verfolgen. Viele Unternehmen haben große Anstrengungen unternommen, um vielfältige Organisationen zu schaffen, aber sie sind immer noch nicht integrativ. Andere erreichen eine symbolische Repräsentation des gesamten Spektrums menschlicher Unterschiede und beglückwünschen sich selbst und denken, dass sie eine integrative Kultur entwickeln. Wieder andere schulen ihre Mitarbeitenden darin, integrativ zu sein, indem sie ihnen Bewusstsein, Verständnis und Wertschätzung für Unterschiede vermitteln. Das ist nett, aber es ist nur ein Anstrich.[23] Wenn wir uns bedroht fühlen, wollen wir uns verteidigen, holen uns Ratschläge von unseren Ängsten und kehren zu unseren erlernten Vorurteilen zurück. Ein besserer Weg ist es, den Menschen Gelegenheit zu geben, Inklusion zu praktizieren. Machen Sie es erfahrbar, indem Sie vielfältige Teams bilden und Einzelpersonen mit verschiedenen Mentoring- oder Peer-Coaching-Beziehungen betrauen.

> **Schlüsselprinzip:** Man lernt Inklusion, wenn man Inklusion praktiziert. Erst das Verhalten, dann die Überzeugung.

Inklusives Verhalten erzeugt seine eigenen bestätigenden Beweise.[24] Der Aufruf zum Handeln ist einfach: Bejahen Sie die individuelle Würde anderer Menschen. Heißt das, so zu tun, als ob, bis man es irgendwann fühlt? Ihre Freundlichkeit ausleihen? Etwas vortäuschen? Die Maske eines integrativen Menschen tragen? Nein, ich meine ein ernsthaftes Streben mit ehrlicher Absicht.

> **Schlüsselprinzip:** Wenn Sie Menschen mit Taten lieben, dann werden Sie diese Liebe bald fühlen.

Das Gefühl der Liebe ist die Belohnung für die Tat der Liebe. Wenn wir es versäumen, anderen zu dienen, bleiben unsere Beziehungen oberflächlich und sogar misstrauisch, bis wir die Distanz überwunden haben. In dieser Nähe, im gemeinsamen Leben, Arbeiten, Essen und Atmen, spüren wir schließlich Achtung und Zuneigung. Wenn Sie gegenüber einer Person oder einer Gruppe nicht so empfinden, wie Sie es sich wünschen oder wissen, dass Sie es tun sollten, wird der Lauf der Zeit daran nichts ändern, wohl aber Ihr Handeln. Wachsen Sie durch Ihr Handeln in das Gefühl der Liebe hinein.

Ich habe mit Menschen aus allen Teilen der Welt gelebt und gearbeitet. Ich liebe sie alle, und dennoch ist mir klar, dass jede Nation, Gesellschaft und Familie denkt, sie sei etwas Besonderes. Wenn wir unter *besonders* etwas Einmaliges oder Einzigartiges verstehen, stimme ich von ganzem Herzen zu. Aber wenn wir darunter verstehen, dass wir besser sind als unsere Nachbarn, dann weiß ich, woher das kommt: Wir alle wollen wertgeschätzt werden. Wir alle wollen wichtig sein. Leider sind wir oft der Überzeugung, dass wir wertvoller und wichtiger werden, wenn wir andere herabmindern. Das Gefühl der Überlegenheit, das wir empfinden, wenn wir andere herabsetzen, ist reine Selbsttäuschung.

Schlüsselprinzip: Kein Mensch, der in einem Gefängnis von Vorurteilen lebt, kann wirklich glücklich oder frei sein.[25]

Schlüsselfragen: Bei welcher Person oder Gruppe fällt es Ihnen schwer, sie einzubeziehen, auch wenn sie Ihnen keinen wirklichen Schaden zufügt? Warum?

Schlüsselprinzipien

- Die Entscheidung, ein anderes menschliches Wesen einzubeziehen, aktiviert unsere Menschlichkeit.
- In der Kindheit schließen wir natürlicherweise ein, im Erwachsenenalter schließen wir auf unnatürliche Weise aus.
- Die Inklusion eines anderen Menschen sollte ein Akt der anfänglichen Beurteilung auf der Grundlage der Würde dieser Person sein, nicht ein Akt der Beurteilung auf der Grundlage eines bestimmten Wertes dieser Person.
- Anstatt Sicherheit der Inklusion auf der Grundlage des Menschseins zu gewähren, neigen wir dazu, den Wert einer anderen Person anhand von Indikatoren wie Aussehen, sozialem Status oder materiellem Besitz zu beurteilen, obwohl diese Indikatoren nichts mit der Menschenwürde zu tun haben.
- Gott mag uns aus unterschiedlichem Ton gemacht haben, aber es gibt keinen Grund zu sagen, dass Ihr Ton besser ist als meiner.
- In jeder sozialen Einheit kann die Sicherheit der Inklusion gewährt, verweigert, widerrufen oder teilweise bzw. unter Vorbehalt gewährt werden.
- Wir erzählen uns gerne schmeichelhafte Geschichten, um unser Gefühl der Überlegenheit zu rechtfertigen.
- Die Ausgrenzung einer Person ist häufiger das Ergebnis von unbefriedigten persönlichen Bedürfnissen und Unsicherheiten als einer echten Abneigung gegen die Person.
- Man lernt Inklusion, wenn man Inklusion praktiziert. Erst das Verhalten, dann die Überzeugung.
- Wenn Sie Menschen mit Taten lieben, dann werden Sie diese Liebe bald fühlen.
- Kein Mensch, der in einem Gefängnis von Vorurteilen lebt, kann wirklich glücklich oder frei sein.

Schlüsselfragen

- Behandeln Sie Menschen, die Sie als Personen mit niedrigerem Status betrachten, anders als Personen mit höherem Status? Wenn ja, warum?
- In jedem Leben gibt es Momente, in denen die Sicherheit der Inklusion den Unterschied ausmacht, wenn jemand die Hand ausstreckt, um Sie in einer schwierigen Situation aufzunehmen. Wann ist Ihnen das passiert? Welche Auswirkungen hatte es auf Ihr Leben? Geben Sie es weiter?
- Wie erkennen Sie die kulturellen Unterschiede in Ihrem Team an und zeigen Sensibilität und Wertschätzung dafür?
- Fühlen Sie sich anderen Menschen überlegen? Wenn ja, warum?
- Ist das moralische Prinzip der Inklusion für Sie eine bequeme oder unbequeme Wahrheit?
- Die soziale Grundeinheit der Familie ist das wichtigste Labor für die Erziehung zu einem verantwortlichen Mitglied der Gemeinschaft, wozu auch das Gewähren der Sicherheit der Inklusion gehört. Haben Sie dies in Ihrer Familie gelernt? Wenn nicht, haben Sie die Absicht, in Ihrer Familie einen Wandel herbeizuführen und der nächsten Generation ein Vorbild in Sachen Sicherheit zu sein?
- Welche bewussten Vorurteile haben Sie? Fragen Sie einen vertrauenswürdigen Freund, wo Sie möglicherweise unbewusste Vorurteile haben. Und schließlich: Wo wenden Sie weiche Formen der Ausgrenzung an, um Barrieren aufrechtzuerhalten?
- Bei welcher Person oder Gruppe fällt es Ihnen schwer, sie einzubeziehen, auch wenn sie Ihnen keinen wirklichen Schaden zufügt? Warum?

Stufe 2
Die Sicherheit des Lernens

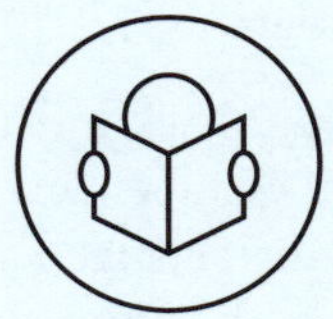

Echtes Lernen entsteht dann, wenn der Wettbewerbsgeist aufgehört hat.

– Jiddu Krishnamurti

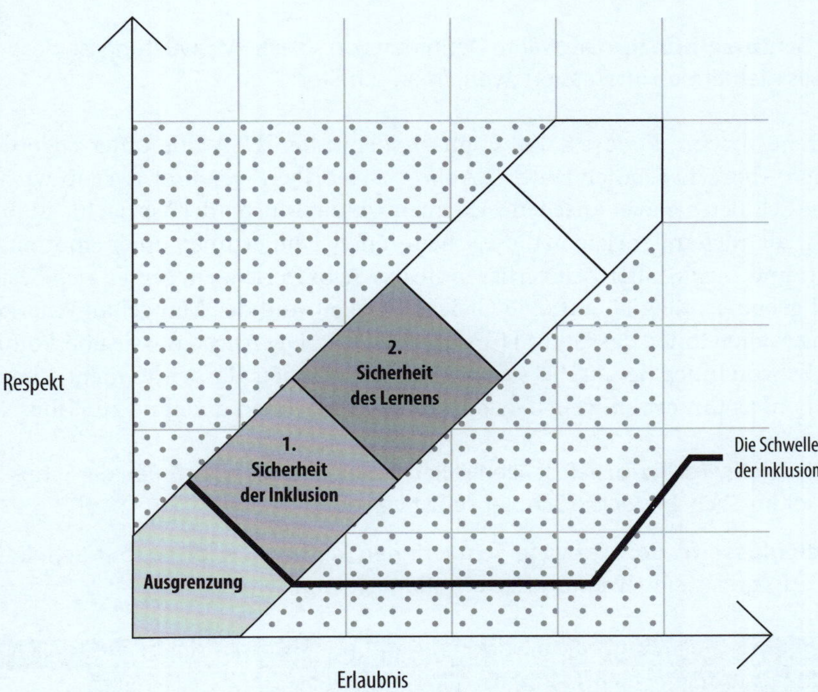

Abbildung 6: Die zweite Stufe auf dem Weg zu Inklusion und Innovation

Das menschliche Bedürfnis zu lernen und zu wachsen

Auf der zweiten Stufe der psychologischen Sicherheit verlagern wir unseren Schwerpunkt vom menschlichen Status auf die menschlichen Bedürfnisse – in diesem Fall das angeborene menschliche Bedürfnis zu lernen und zu wachsen, sich auf alle Aspekte des Lernprozesses einzulassen, ohne Angst davor, abgelehnt oder vernachlässigt zu werden.

Bedenken Sie, dass in den USA alle 26 Sekunden ein Schüler oder eine Schülerin die Highschool vorzeitig verlässt.[1] Glauben wir ernsthaft, dass diese Schüler die Schule abbrechen, weil sie nicht die geistige Fähigkeit haben, um darin zu bestehen? Abgesehen von denjenigen, die unter einer echten Lernschwäche leiden, sind die meisten dieser Schüler durchaus in der Lage zu lernen, einen Abschluss zu machen und in allen Bereichen des persönlichen und beruflichen Lebens erfolgreich zu sein. Die meisten brechen die Schule ab, weil sie in Rückstand geraten, zu Hause keine elterliche Unterstützung erhalten und in der Schule ein apathisches Lernumfeld vorfinden.[2]

Schlüsselprinzip: Die wahre Definition von sozialer Verwüstung ist, dass es niemanden interessiert, wenn man scheitert.

Forscher haben die fast 2.000 Highschools in den USA, die unter chronisch hohen Abbrecherquoten leiden, „Abbrecherfabriken" genannt.[3] Wenn wir uns diese Schulen genauer ansehen, erkennen wir ein Muster der Vernachlässigung. Mehr als alles andere leiden diese scheiternden Schülerinnen unter emotionaler Entfremdung. Mit der Zeit verlieren sie das Selbstvertrauen, fühlen sich besiegt und geben schließlich auf. Die Gleichgültigkeit und der Mangel an Anerkennung rauben ihnen das Gefühl für ihre Identität. Die Angst, die sie überkommt, wächst von innen heraus, bis sie buchstäblich glauben, dass sie es nicht schaffen können. In ihrem verzweifelten Zustand kommt ihnen niemand zu Hilfe.

Schlüsselprinzip: In fast allen Fällen lassen Eltern und Schulen die Schüler im Stich, bevor die Schüler selbst versagen.

Schlüsselfrage: Wie viele Schülerinnen kennen Sie, die in der Schule erfolgreich sind, während sie emotional leiden?

Es gibt drei Muster für angstauslösende emotionale Gefahren, die die Sicherheit des Lernens zerstören und einen Zustand der Bedrohung erzeugen:

- Vernachlässigung,
- Manipulation und
- Zwang.

In dysfunktionalen Schulen und Klassenzimmern findet sich meist das erste Muster der Vernachlässigung. Wie sieht es am Arbeitsplatz aus? Wenn Mitarbeiter sich zurückziehen und schweigen, reagieren sie oft auf ein feindseliges und missbräuchliches Umfeld. Angst ist das Ergebnis von Spott, Mobbing, Belästigung, Drohungen und Einschüchterung. Diese angstauslösenden Verhaltensweisen entsprechen meist einem Muster von Manipulation und Zwang.

Vor Kurzem habe ich einen Tag mit einem schweigenden Team verbracht. Ich habe mit vielen Teams zusammengearbeitet und dabei gelernt, dass unnatürliches Schweigen in der Regel ein Zeichen dafür ist, dass ein Team von seinem Leiter neutralisiert worden ist. In diesem Fall ging es um eine langfristige Planung, aber niemand wollte etwas sagen. Der Instinkt der Selbstzensur beherrschte den Raum, was ein Zeichen dafür ist, dass die Menschen aus Angst ihre persönlichen Risiken minimieren wollen. Das Team war gerade bei einem großen Projekt gescheitert, und seine Mitglieder litten unter den Nachwirkungen dieser Erfahrung. Aber es war nicht das Scheitern, das schmerzte, es war die Verachtung des Leiters, die das Team zum Schweigen brachte. Schweigen ist eine normale Reaktion darauf, zurückgewiesen, gedemütigt oder bestraft zu werden. Schweigende Teammitglieder ziehen sich zurück, weil sie keine Stimme haben.

Besorgniserregend ist, wenn der Missbrauch toleriert wird. Der Leiter dieses Teams hat Menschen emotional entstellt, und niemand wollte die Fiktion demaskieren, dass das Verhalten dieses Mannes akzeptabel sei. Er war nichts Geringeres als ein Zerstörer der Chancengleichheit. Nach der Sitzung unterhielt ich mich am Rande mit einer der Mitarbeiterinnen und fragte sie, ob sich der Leiter immer so verhalte. Sie bestätigte, dass er das tat. Da ich eine Gelegenheit sah, die Machtdynamik zu diskutieren, fragte ich: „Warum lassen Sie sich dieses Verhalten gefallen?“ Daraufhin kam die Antwort: „Wir haben uns einfach daran gewöhnt.“

> **Schlüsselprinzip:** Während die unsichere Schule höchstwahrscheinlich ein Hort der Vernachlässigung ist, ist der unsichere Arbeitsplatz höchstwahrscheinlich ein Hort des Spottes.

Bei geringer psychologischer Sicherheit in einer dysfunktionalen Schule ist der Einzelne oder seine Leistung egal. Auch an einem dysfunktionalen Arbeitsplatz kümmert sich niemand um den Einzelnen, man hat aber ein Interesse an seiner Leistung. Beide sind schädlich, aber auf unterschiedliche Weise. Schließlich zeigen psychologisch unsichere Familien Verhaltensweisen, die das gesamte Spektrum abdecken. In einigen Fällen sehen wir Vernachlässigung, in anderen Fällen Manipulation und in den unglücklichsten Fällen reinen Zwang.

> **Schlüsselprinzip:** Ein feindliches Lernumfeld, sei es zu Hause, in der Schule oder am Arbeitsplatz, ist ein Ort, an dem Angst den Instinkt zur Selbstzensur auslöst und den Lernprozess zum Erliegen bringt.

In einem von Angst geprägten Klassenzimmer brechen unterlegene Schüler den Unterricht ab, während selbstbewusste Schülerinnen den Kopf einziehen. Das Gleiche gilt für den Arbeitsplatz: Spitzenkräfte gehen, weil sie andere Möglichkeiten haben. Mittelmäßige Talente bleiben, weil sie keine haben. Unterdessen leidet die Produktivität. Und schließlich werden Kinder in einer emotional gestörten Familie, unabhängig vom Muster dieser Störung, emotional schwach und neigen dazu, in der Schule zu versagen.

> **Schlüsselprinzip:** Wenn das Umfeld bestraft, anstatt zu lehren, sei es durch Vernachlässigung, Manipulation oder Zwang, zieht sich der Einzelne zurück, ist weiniger in der Lage, über sich zu reflektieren, eigene Muster zu erkennen, sich selbst zu coachen und zu korrigieren. Das birgt das Risiko eines echten Scheiterns – das Scheitern, es nicht weiter zu versuchen.

Wenn die Sicherheit des Lernens gegeben ist, schafft die Führungskraft einen Lernprozess mit geringen sozialen Reibungen und geringen emotionalen Risiken. Das erfordert ein Maß an Respekt und Erlaubnis, das über die Sicherheit der Inklusion hinausgeht, da der Lernprozess selbst mehr Risiko, mehr Verletzlichkeit und mehr potenzielle Gefährdung durch soziale und emotionale Bedrohung mit sich bringt.

Bei der Sicherheit der Inklusion ist keine aktive Teilnahme erforderlich, außer Mensch zu sein und sich höflich zu verhalten, aber bei der Sicherheit des Lernens müssen Sie Fragen stellen, Feedback einholen, Ideen einbringen, experimentieren, Fehler machen und sogar scheitern können. Es ist ganz normal, dass man sich umschaut und innerlich das Risiko abschätzt: „Wenn ich diese Frage stelle oder um Hilfe bitte oder einen Vorschlag mache oder zugebe, dass ich keine Ahnung habe oder einen Fehler mache, was wird mich das kosten? Kann ich zu mir stehen? Werde ich dumm aussehen? Werde ich verurteilt? Werden die Leute lachen? Werden sie mich ignorieren? Werde ich meine Karriere beeinträchtigen? Werde ich meinem Ruf schaden?" In jedem Lernkontext bewerten das Ausmaß des zwischenmenschlichen Risikos um uns herum – ob wir uns dessen bewusst sind oder nicht.

In Tabelle 2 sehen Sie die Definition von Respekt und Erlaubnis sowie die Anforderung des sozialen Austauschs für die Sicherheit des Lernens.

Tabelle 2: **Stufe 2** Die Sicherheit des Lernens

Stufe	**Definition von Respekt**	**Definition von Erlaubnis**	**Sozialer Austausch**
1. Die Sicherheit der Inklusion	Respekt vor der Menschlichkeit des Einzelnen	Erlaubnis für die Person, Ihre persönliche Gesellschaft zu betreten	Inklusion für jeden Menschsein, wenn von ihm keine Bedrohung ausgeht
2. Die Sicherheit des Lernens	Respekt für das angeborene Bedürfnis des Einzelnen, zu lernen und zu wachsen	Erlaubnis für den Einzelnen, sich an allen Aspekten des Lernprozesses zu beteiligen	Ermutigung zum Lernen als Gegenleistung für Engagement im Lernprozess

Zu dem universellen Bedürfnis, anerkannt zu werden, kommt das universelle Bedürfnis, zu lernen und zu wachsen. Die Erlaubnis besteht in diesem Fall für den Einzelnen darin, sich an allen Aspekten des Lernprozesses zu beteiligen. Die Sicherheit der Inklusion setzt voraus, dass wir uns gegenseitig Höflichkeit entgegenbringen, aber mit der Sicherheit des Lernens fügen wir einen weiteren sozialen Austausch hinzu. Wenn ich einer Person die Sicherheit des Lernens gewähre, möchte und erwarte ich, dass sie sich bemüht, zu lernen. Wenn ich der Lernende bin, erwarte ich von der Führungskraft, der Lehrerin, dem Trainer oder den Eltern, dass sie mich im Lernprozess unterstützen. Es ist eine Ermutigung zum Lernen im Austausch für die Bereitschaft zum Lernen.

Schlüsselprinzip: Das moralische Gebot beim Gewähren der Sicherheit des Lernens besteht darin, zuerst zu handeln, indem man den Lernenden zum Lernen ermutigt. Machen Sie den ersten Schritt.

Ja, die Lernenden müssen ihren Teil dazu beitragen, sich in den Lernprozess einzubringen, aber manchmal wissen sie nicht wie und haben nicht genügend Selbstvertrauen, um es zu versuchen. Der Einzelne ist oft nicht darauf vorbereitet oder nicht in der Lage, die Anstrengung des Lernens auf sich zu nehmen. Sie glauben nicht, dass sie lernen können, und sind vielleicht durch frühere Misserfolge oder Peinlichkeiten gelähmt. In diesem Fall können wir von den Lernenden nicht erwarten, dass sie sich von sich aus beim Lernen anstrengen, weil die Erfahrung sie gelehrt hat, dass das Risiko zu groß ist.

Wenn Sie ein durchschnittliches Klassenzimmer in einer schwierigen Highschool betreten und wir Sie mit der Leitung der Klasse betrauen würden, was würden Sie von den Schülerinnen und Schülern erwarten? Engagement, Energie, Konzentration, Selbstvertrauen, Selbstwirksamkeit? Nein, Sie würden mit der Hoffnung beginnen! Wir müssen uns daran erinnern, dass wir das Lernen nicht befehlen, sondern es einladen. Die Atmosphäre, die wir schaffen, nährt den Wunsch und die Motivation zu lernen. In einem idealen Umfeld besteht die Sicherheit des Lernens in einem gegenseitigen Geben und Nehmen von Ideen, Beobachtungen, Fragen und Diskussionen. Wenn Führungskräfte die Lernenden dort abholen wollen, wo sie sich befinden, müssen Sie vielleicht einen Schritt zurückgehen und damit beginnen, die fehlende Sicherheit der Inklusion zu schaffen. Ich habe noch keine Sicherheit des Lernens gesehen, ohne dass die Sicherheit der Inklusion gewährleistet war. Die eine baut auf der anderen auf.

Schlüsselfragen: Hatten Sie jemals einen Lehrer, der mehr Vertrauen in Ihre Lernfähigkeit hatte als Sie selbst? Wie hat sich das auf Ihre Motivation und Ihren Einsatz ausgewirkt?

Ich möchte betonen, dass das Gewähren der Sicherheit des Lernens kein passiver Akt ist. Wenn wir diese Sicherheit gewährleisten wollen, verpflichten wir uns, ein unterstützendes und ermutigendes Umfeld zu schaffen. Wir verpflichten uns, mit den Lernenden geduldig zu sein. Wir verpflichten uns, effektives Lernen vorzuleben, und wir verpflichten uns, Macht, Anerkennung und Ressourcen zu teilen, um allen das Lernen zu ermöglichen. Die Seite des Lernenden in diesem sozialen Austausch ist eine andere. Der Lernende hofft oder gar erwartet, dass er ein unterstützendes und ermutigendes Umfeld vorfindet, verpflichtet sich aber im Vorfeld zu nichts, da Lernen ein Prozess ist, der mit persönlichen Risiken verbunden ist. Die Lernenden bemühen sich nur selten um das Lernen, wenn die Sicherheit des Lernens nicht gegeben ist. Es gilt das Prinzip: „Schaffen Sie die Voraussetzungen und die Lernenden werden kommen." Wenn Sie die Voraussetzungen nicht schaffen, kommen sie vielleicht trotzdem, aber sie werden nicht lernen.

Die Angst vor Fehlern und Misserfolgen abbauen

Wenn Sie am zweiten Samstag im Mai die Turnhalle der Lone Peak Highschool in Highland, Utah, betreten, werden Sie ein Meer von Stühlen sehen. Die Turnhalle hat sich in ein riesiges Klassenzimmer verwandelt, in dem mehr als 300 Schüler für die Mathematik-Prüfung im Rahmen des nationalen Advanced Placement (AP) sitzen. Was für eine Ironie: Wenn man sich die akademische Landschaft der Highschool ansieht, ist der höchste Gipfel – der Everest von allen – die Mathematik. Und trotz des Angstfaktors ist die Nachfrage der Schüler nach Mathematik an dieser Schule sprunghaft angestiegen. Warum ist der Andrang auf diesen anspruchsvollen Kurs so groß?

Der Verantwortliche ist Craig B. Smith, ein geläuterter Elektroingenieur, der 2007 nach einer sehr erfolgreichen Karriere bei ExxonMobil und anderen Unternehmen den Weg in die Schule fand.[4] Craig unterrichtet sieben Stunden nacheinander Mathematik mit einer durchschnittlichen Klassengröße von 34 Schülern. Ich habe mehrere Stunden damit verbracht, Craig und seine Schülerinnen zu interviewen und sein Klassenzimmer zu beobachten. Anstelle eines müden Pädagogen, der vor den Problemen der amerikanischen Sekundarschulbildung kapituliert, treffen wir auf einen Mann, der vor Begeisterung für seine Schüler und sein Fach nur so strotzt. Offiziell unterrichtet Craig Mathematik. Inoffiziell leitet er ein Führungslabor als Coach, Trauerbegleiter und Notfall-Krankenpfleger. Craig ist ein echter Sonderfall und wird weithin als einer der besten Mathematiklehrer der Sekundarstufe im ganzen Land angesehen. Nach den Daten des Utah State Office of Education zu urteilen, ist er vielleicht sogar der Beste.

Im Jahr 2006, dem Jahr, bevor Craig mit dem Unterrichten von Mathematik begann, nahmen 46 Schüler pro Tausend an der Lone Peak Highschool am A/B-Test in Mathematik im Rahmen des AP teil. Acht Jahre später, im Jahr 2016, waren es 160 Schüler pro Tausend (ein Sprung von fast 250 Prozent), verglichen mit 34 Schülern pro Tausend im ganzen Land. Die aktuelle Teilnehmerquote liegt 800 Prozent über dem nationalen Durchschnitt. Wie sieht es mit der Leistung aus? Im Jahr 2006 bestanden 13 Schüler pro Tausend in Lone Peak die standardisierte Prüfung im Vergleich zu einer etwas höheren Rate von 22 pro Tausend Schülern im gesamten Bundesstaat. Im Jahr 2014 bestanden landesweit immer noch 22 pro Tausend Schüler die Prüfung, während unter den Craig-Schülern 114 pro Tausend bestanden, was einen atemberaubenden Anstieg um 777 Prozent bedeutet. Es ist eine Sache, sich stetig zu verbessern. Etwas ganz anderes ist es, einen radikalen Wandel herbeizuführen. In einer Zeit, in der US-amerikanische Teenager in Mathematik nicht einmal unter den Top 20 der Entwicklungsländer zu finden sind, sind Craigs Leistungen atemberaubend.

Er beginnt mit einem wichtigen Vorurteil, einer starren Vorannahme, einer unnachgiebigen Haltung: Jeder Schüler kann rechnen lernen. Sein Mathe-Gym ist ein Zentrum für persönliche Entwicklung, das die Vorstellung ablehnt, die Lernfähigkeit wäre von Geburt an festgelegt oder eingeprägt.[5] „Ich versuche nie, die Begabung oder die Anstrengung eines Schülers zu beurteilen." Craig behauptet, dass langsame Schüler nicht weniger intelligent sind. Sie verinnerlichen die Inhalte nur langsamer, weshalb sein Augenmerk eher auf der Anstrengung als auf der Begabung der Schülerinnen liegt. Die Fähigkeit, diskriminierende Urteile über die Fähigkeiten der Schüler loszulassen, ist eine Fertigkeit, aber auch eine moralische Fähigkeit, die viele Lehrer nicht diszipliniert genug entwickeln. Viele Lehrerinnen fällen Urteile über die Begabung und beginnen sofort, ihre Schülerinnen zu sortieren und zu bewerten. Wie der Nobelpreisträger Daniel Kahneman bemerkt: „Man neigt dazu, sich einen vorschnellen

Gesamteindruck zu verschaffen, wenn man sich nicht besonders bemüht, sich keinen vorschnellen Gesamteindruck zu verschaffen."[6] Craig begann schon vor Jahren, diesen natürlichen Impuls zu unterdrücken.

Schlüsselfrage: Wenn Sie anfangen, mit neuen Leuten zu arbeiten, beurteilen Sie deren Begabung sofort oder können Sie diesen Impuls loslassen?

Der legendäre C. Roland Christensen von der Harvard Business School kam zu demselben Schluss:

Ich glaube an das unbegrenzte Potenzial eines jeden Studierenden. Auf den ersten Blick reicht die Begabung – wie bei den Lehrern und Professorinnen auch – von mittelmäßig bis großartig. Aber das Potenzial ist für den oberflächlichen Blick unsichtbar. Es braucht Vertrauen, um es zu erkennen, aber ich habe zu viele akademische Wunder erlebt, um an ihrer Existenz zu zweifeln. Ich betrachte jetzt jeden Studierenden als „Rohstoff für ein Kunstwerk". Wenn ich darauf vertraue, dass die Studierenden zu Kreativität und Wachstum fähig sind, können wir gemeinsam sehr viel erreichen. Wenn ich hingegen nicht an dieses Potenzial glaube, sät mein Versagen die Saat des Zweifels. Die Studierenden lesen unsere negativen Signale, auch wenn sie noch so gut getarnt sind, und ziehen sich vom kreativen Risiko auf das „gerade noch Mögliche" zurück. Wenn dies geschieht, verlieren alle.[7]

In der Sozialpsychologie gibt es eine Reihe von Forschungsarbeiten, die sich mit der sogenannten Theorie der Stereotypenbedrohung (engl. stereotype threat) befassen. Sie besagt, dass wir dazu neigen, uns einem negativen Stereotyp anzupassen, wenn wir diesem ausgesetzt sind. Mit anderen Worten: Etiketten schränken ein. Sie können aber auch erweitern und bestärken. Bei negativen Stereotypen kann allein das Bewusstsein, zu einem solchen zu gehören, dazu führen, dass wir uns der unsichtbaren Einschränkung anpassen. Stereotype in Bezug auf Rasse, Geschlecht, Alter, Körperbild und Lernfähigkeit können erhebliche psychische Schäden bei ihren Zielpersonen verursachen. Wie Claude Steele feststellt, kann die Bedrohung durch Stereotype zu „geringem Selbstwertgefühl, niedrigen Erwartungen, geringer Motivation und Selbstzweifeln" führen.[8]

Schlüsselprinzip: Erwartungen beeinflussen das Verhalten in beide Richtungen. Wenn man die Messlatte hoch oder niedrig ansetzt, neigen die Menschen dazu, hoch oder niedrig zu springen.

Stereotype können den Einzelnen auch dazu bringen, sich zu höheren Leistungen zu inspirieren. Craig hilft den Schülern, den psychischen Schaden zu beseitigen, den ein negativer Stereotyp anrichten kann. Jedes Jahr beginnen Schülerinnen und Schüler mit der Überzeugung, dass sie schlecht in Mathe sind, und jedes Jahr bestehen dieselben Schülerinnen die nationale Mathe-Prüfung.

Zu der Überzeugung, dass jeder das Rechnen lernen kann, fügt Craig die Voraussetzung der Sicherheit des Lernens hinzu. Er erklärt es so: „Ich kann Schüler nur unterrichten, wenn ich sie mag. Ich kann sie nicht mögen, wenn ich sie nicht kenne, und ich kann sie nicht kennen, wenn ich nicht mit ihnen rede." Deshalb verbringt er die erste Unterrichtsstunde eines jeden Semesters damit, nichts anderes zu tun, als die Namen seiner Schülerinnen zu lernen und ein wenig über ihr Leben zu erfahren. Danach machen sich alle an die Arbeit, aber er unterbricht die Unterrichtszeit immer wieder mit kurzen, persönlichen Gesprächen mit jedem Schüler. Zu Beginn jeder Unterrichtsstunde begrüßt er jeden Schüler, um ihn individuell zu bestätigen und die Erledigung der Hausaufgaben zu überprüfen.

Bei meinen Beobachtungen im Unterricht fällt mir auf, dass Craig zwischen Vortrag und Diskussion hin und her wechselt.[9] Die Choreografie erscheint mühelos und vermittelt ein Gefühl von entspannter Intensität, bemerkenswert ist das völlige Fehlen von Angst, Hemmungen oder Förmlichkeit. Craig unterrichtet ein Konzept im Vortrag und stellt dann eine Reihe von Fragen zur Diskussion, um das Verständnis zu testen. Er verwendet ein Punktesystem, das die Fragen verstärkt, während die Schülerinnen ihren Lernweg durch eine emotionale und intellektuelle Reise mit kleinen Siegen und Niederlagen finden. „Eine falsche Antwort ist genauso gut wie eine richtige Antwort, solange man weiß, warum", erklärt er.

Schlüsselprinzip: Scheitern ist nicht die Ausnahme, es ist zu erwarten und der Weg nach vorn. Vor der Entdeckung wird es Entmutigung geben.

In der Tat, wenn Sie sich wirklich bemühen, sollte es kein Stigma, keine Scham und keine Verlegenheit geben, die mit einem Misserfolg einhergehen können. Scheitern ist einfach ein Schritt auf dem Weg zum Erfolg. Wir sollten Misserfolge belohnen, denn es ist kein Scheitern, sondern ein Fortschritt. Die Auseinandersetzung mit dem Scheitern ist oft wertvoller als die Auseinandersetzung mit dem Erfolg. In Übereinstimmung mit diesem Grundsatz hat Craig die gängige Meinung widerlegt, dass die Wiederholung von Tests – also die Möglichkeit für Schüler, einen Test zu wiederholen, wenn sie schlecht abgeschnitten haben – nicht funktioniert. „Es ist ein bisschen mehr Arbeit für den Lehrer", stellt Craig fest. „Wiederholungstests funktionieren wirklich, deshalb gebe ich endlose Chancen. Wenn man bereit ist zu arbeiten, gibt es immer Nachsicht. Du kannst es noch einmal versuchen."

Craig lädt die Schülerinnen zum Lernen ein, ohne ihnen Angst vor einem Thema zu machen, das ohnehin schon seine eigene Angst erzeugt. Er weiß, dass Schüler, die emotional gestresst – ängstlich, wütend oder deprimiert – sind, kognitiv beeinträchtigt sind und nicht gut lernen. Deshalb gestaltet er ein herausforderndes und dennoch förderndes Klima der Sicherheit des Lernens, um das Lernrisiko drastisch zu verringern. „In Mr. Smiths Unterricht gibt es keine Peinlichkeiten", sagte ein Schüler. „Man fühlt sich nie dumm, selbst wenn man etwas nicht versteht."

Schlüsselfragen: Bestraft Ihr Team das Scheitern? Bestrafen Sie Misserfolge?

Die Sicherheit des Lernens erfordert ein geringes Ego und eine ungewöhnlich hohe emotionale Intelligenz – Eigenschaften, die Craig im Überfluss besitzt. Er ist ein Mann von großer Herzlichkeit, der seine Schüler nicht beeindrucken, sondern unterstützen will. Er tritt nicht in Konkurrenz zu den Schülern, kämpft nicht mit ihnen und bestraft sie nicht. Er ist nicht dazu da, seine Schülerinnen zu belehren, sein eigenes Wissen zu zeigen oder sich mit ihnen zu messen. Stattdessen zeigt er Geduld und intellektuelle Bescheidenheit. Was vielleicht am meisten ins Auge fällt, ist die Art und Weise, wie er sowohl den Inhalt als auch den Kontext im Blick hat. Er hat ein ausgeprägtes soziales Gespür entwickelt, um die nonverbalen Signale der Schüler zu deuten. Er beherrscht diese Sprache fließend, was es ihm ermöglicht, mit den kognitiven und emotionalen Fortschritten der Schülerinnen Schritt zu halten, sodass er nicht vorrauseilt.[10]

„Er wirkt nie genervt oder irritiert, wenn man eine Frage stellt", sagte eine andere Schülerin. „Er kniet sich neben deinen Schreibtisch, findet heraus, was du weißt, und hilft dir von dort aus. Aber er gibt dir nicht die Antwort. Du musst erklären, wo und warum du nicht weiterkommst."

Schlüsselfrage: Lernen Sie aus Ihren Misserfolgen genauso viel oder mehr als aus Ihren Erfolgen?

„Mathe ist kein einfaches Fach", sagt Craig. „Mir ist auch klar, dass viele meiner Schüler nie wieder mit dem Rechnen zu tun haben werden. Wir versuchen, selbstbewusste, selbstständige, geistig ausdauernde und furchtlose Schülerinnen zu bilden, die auf das Leben vorbereitet sind. Dieser Prozess bringt sie dazu, Verantwortung zu übernehmen und sich anzustrengen. Sie fühlen sich gut in ihrer Haut. Ja, ich unterrichte Mathematik. Aber noch wichtiger ist, dass ich Schüler unterrichte.

Versteht Craig Mathematik besser als andere Mathelehrer? Ist dies die Quelle seines Wettbewerbsvorteils? Offensichtlich nicht. Durch seine außergewöhnliche Wahrnehmungsfähigkeit und seine unablässige Empathie beherrscht er die Kunst, den sozialen, emotionalen und kognitiven Kontext zu gestalten, indem er im übertragenen Sinne einen „sauberen, gut beleuchteten Ort" schafft, an dem sich der ganze Schüler entfalten kann.[11] Das ist die Sicherheit des Lernens.

Das Intellektuelle und das Emotionale

Wenn wir effektiv lernen wollen, ist es entscheidend, konzentriert zu bleiben, Impulse zu steuern und Ablenkungen zu vermeiden. Forscher verwenden Begriffe wie *Flow-Zustand*, *Metakognition*, *exekutive Funktion*, *effektive Anstrengung* und *hohes Engagement*, um zu beschreiben, was gute Lernende tun. Diese Begriffe beziehen sich auf das übergeordnete Kontrollsystem der Aufmerksamkeit oder Kognition.

Neueste Erkenntnisse über das Lernen zeigen uns, dass es sich dabei nicht um einen isolierten, rationalen Prozess handelt, der kalt, trocken und mechanistisch ist. Die Emotionen sind in der Vernunft verankert, und die Vernunft in den Emotionen. Kognition und Affekt sind untrennbar miteinander verbunden. Bevor ich nach Oxford ging, erwarb ich einen Master-Abschluss an der Universität von Utah. Mein Betreuer war ein international angesehener Politikwissenschaftler namens John Francis. Er half mir, mich akademisch auf Oxford vorzubereiten, indem er meine Arbeiten mit roter Tinte überzog. Er drängte mich, verlangte mir alles ab und raubte mir den letzten Nerv. In einem Kurs war ich völlig verzweifelt, weil ich nie eine Eins für eine Arbeit bekommen konnte. Ich setzte mich mit John in sein Büro und ging seine Korrekturen durch, und jedes Mal verließ ich den Raum mit einem Gefühl der Frustration, obwohl ich diesen Mann liebte. Der Prozess hatte etwas wunderbar Verrücktes an sich, das mich dazu motivierte, meine Anstrengungen zu verdoppeln. Er trieb mich in den Wahnsinn, aber ich ließ mich nicht aus dem Konzept bringen. Weil er eine persönliche Beziehung zu mir aufbaute, gab ich ihm die Erlaubnis, mich herauszufordern.

Schlüsselfrage: Hatten Sie in Ihrem Leben eine Lehrerin, die Ihnen die Sicherheit des Lernens vermittelte und Sie zu neuen Höchstleistungen anspornte?

Und was hat er im Klassenzimmer gemacht? Er vermittelte Macht durch Diskussion. Er ist ein brillanter Mann, aber in seinen Kursen gab es wenig Didaktik, ihm ging es nicht um Kleinigkeiten. Eine traditionelle Vorlesung ist autoritär. John entschied sich für einen demokratischeren und kooperativen Ansatz, bei dem wir gemeinsam lernten. Das bedeutete natürlich ein größeres Risiko für die Studierenden, weil wir mehr Verantwortung dafür trugen, uns gegenseitig zu unterrichten. Aber aus dieser gemeinsamen Verantwortung erwuchs eine tiefere emotionale Beteiligung und eine größere Bereitschaft, im Lernprozess Risiken einzugehen.

Eine Führungskraft kann eine Kultur des Lernens nur aufrechterhalten, wenn sie die Bedrohung durch ein konsequentes Muster positiver emotionaler Reaktionen minimiert.[12] Die Menschen wollen sehen, wie Sie auf Meinungsverschiedenheiten und schlechte Nachrichten reagieren. Wenn Sie aufmerksam zuhören, konstruktiv reagieren und Wertschätzung vermitteln, nehmen die Teilnehmenden diese Hinweise auf und kalkulieren ihre Beteiligung entsprechend.

Schlüsselprinzip: Das wichtigste Signal für die Gewährung oder Verweigerung der Sicherheit des Lernens ist die emotionale Reaktion der Führungskraft auf Meinungsverschiedenheiten und schlechte Nachrichten.

Als Lehrer hatte John die Integration der kognitiven und affektiven Systeme gemeistert. Wenn man die emotionale Beteiligung verliert, verlangsamt sich die intellektuelle Beteiligung oder bleibt sogar ganz aus. Menschen lernen von den Menschen, die sie lieben, mehr als von denen, die sie nicht lieben.

Schlüsselprinzip: Der Mensch verarbeitet soziale, emotionale und intellektuelle Prozesse gleichzeitig.

Lernen ist nicht der Betrieb eines losgelösten, leidenschaftslosen Rechenzentrums; es ist ein Zusammenspiel von Kopf und Herz. Eine weitere Herausforderung und vielleicht unser wichtigster Beweis für die Notwendigkeit der Sicherheit des Lernens, sind das Internet, die Bildungstechnologien und die Demokratisierung des Lernens. Die Barrieren für das Lernen, die seit Jahrtausenden bestehen, werden abgebaut. Die unbegrenzte Skalierbarkeit des Internets ermöglicht jedem den Zugang zu den besten Inhalten und den besten Lehrern der Welt. Alles, was Sie brauchen, ist ein Smartphone oder ein Computer und ein Internetzugang. Da die traditionellen Barrieren des Zugangs, der Kosten und der Qualität fallen, sollten wir theoretisch einen Anstieg des Lernens in allen Bevölkerungsschichten erleben. Meine Tochter kann die Kahn Academy besuchen, um Hilfe bei der linearen Algebra zu erhalten; mein Sohn kann sich ein kurzes TED-Ed-Video über die Geschichte des Käses ansehen; und ich kann mir bei edX einen Kurs von Michael Sandel über Gerechtigkeit ansehen. Das alles kostet nichts und ist jederzeit abrufbar.

Mit dem Internet können Sie alles lernen, was Sie wollen, wann Sie wollen und wo Sie wollen. Es ist der große Gleichmacher, bis auf eine Sache: Man muss sich konzentrieren und motivieren, und genau da liegt das Problem. Wir sind in eine Zeit eingetreten, in der sich den Menschen nie dagewesene Möglichkeiten zur Verbesserung bieten, in der die Herausforderung nicht mehr in Zeit und Zugang, sondern in Interesse und Disziplin besteht. Die Bildungstechnologie hat eine Renaissance des Lernens ausgelöst, aber sie lässt Millionen von Menschen zurück, denen das Interesse, das Selbstvertrauen und der Antrieb zur Teilnahme fehlen, vor allem, weil den Menschen die Sicherheit des Lernens vorenthalten wurde.

Der Mensch lernt im Kontext, nicht isoliert, und er wird ständig von diesem Kontext beeinflusst. Wenn der Lernkontext anregend ist, wird der Drang zur Neugier geweckt. Hinzu kommt, dass der Grad der Sicherheit des Lernens die Qualität der Interaktion direkt beeinflusst. „Das Ausmaß und die Qualität der Teilnahme der Lernenden an interprofessionellen Simulationskursen", schreibt die niederländische Sozialwissenschaftlerin Babette Bronkhorst, „wird durch die Selbstwirksamkeit und die Wahrnehmung der psychologischen Sicherheit des Lernumfelds beeinflusst. Lernende, die sich sicher fühlen, sind viel eher bereit, an den Grenzen ihres Fachwissens zu üben, zu experimentieren, schwierige Probleme zu lösen und ihre Leistung zu reflektieren."[13]

Die Sicherheit des Lernens ist eine Grundvoraussetzung, welche die Neugier und die Bereitschaft zum mutigen persönlichen Lernen fördert. Bill Gates sagte: „Menschen, die so neugierig sind wie ich, werden in jedem System zurechtkommen. Für den selbstmotivierten Schüler sind dies die goldenen Zeiten. Ich wünschte, ich wäre jetzt aufgewachsen. Ich bin neidisch auf meinen Sohn. Wenn er und ich uns über etwas unterhalten, das wir nicht verstehen, schauen wir uns einfach Videos an und klicken auf Artikel, und das bringt unsere Diskussion voran. Leider machen die besonders neugierigen Schüler nur einen kleinen Prozentsatz unter den Kindern aus.[14]

Gates sagt, dass nur ein kleiner Prozentsatz der Kinder wirklich neugierig ist, aber beachten Sie, was er mit seinem eigenen Sohn macht. Er setzt sich Knie an Knie und Schulter an Schulter mit ihm zusammen und sie lernen gemeinsam. Er stellt eine emotionale Verbindung zu seinem Sohn her, um das intellektuelle Forschen zu fördern. Es ist erstaunlich, wie schnell die Neugier und die Motivation zum Lernen geweckt werden können, wenn jemand eine Umgebung schafft, in der sich die Lernenden sicher fühlen.

Schlüsselfrage: Wann haben Sie das letzte Mal ein Lernumfeld geschaffen, das die Neugierde und Motivation eines anderen Menschen fördert?

Denken Sie daran, dass der Mensch instinktiv die Sicherheit des Lernens abschätzt, bevor er sich auf den Lernprozess einlässt. Wenn Sie wissen, dass Sie lächerlich gemacht werden, wenn Sie eine Frage stellen, wird der Instinkt zur Selbstzensur diesen Impuls unterdrücken und Sie Sie werden sich zurückziehen. Vertrauenswürdige Führungskräfte dürfen eintreten. Führungskräften, denen man misstraut, wird der Zutritt verwehrt. Wenn es um die Sicherheit des Lernens geht, hat der Lernende das letzte Wort.

Schlüsselprinzip: Wir schützen unser soziales und emotionales Selbst mit ausgeklügelten persönlichen Überwachungssystemen.

Von Tonga nach Philadelphia

Ich möchte Ihnen die Geschichte meines College-Football-Kollegen Vai Sikahema erzählen. Seine Familie kam aus dem Inselstaat Tonga in die USA, als er acht Jahre alt war. Sie ließen sich in Mesa, Arizona, nieder, wo Vais Vater eine Arbeit als Hausmeister fand. Da es an seiner Schule auf Tonga keinen englischsprachigen Unterricht gab, saß Vai hinten in der Klasse und hörte zu, verstand aber nichts.

„Ich fühlte mich so verletzlich und bedroht", sagte er, „dass ich nicht zugeben wollte, dass Englisch meine zweite Sprache ist. Ich schämte mich für meine Kultur, meine Sprache und sogar für meinen Namen. Ich wollte einfach einen normalen Namen, den die Leute aussprechen konnten und über den sie sich nicht lustig machen würden. Man bedenke, dass ich mich gerade erst daran gewöhnt hatte, Schuhe zu tragen."

Vai wandte sich Sportarten wie Boxen und American Football zu, bei denen seine körperliche Begabung sofortigen Erfolg brachte und einen Weg für seine soziale und kulturelle Integration aufzeigte. Seine Eltern sorgten für ein liebevolles Umfeld, aber da sie selbst nur über eine begrenzte Bildung verfügten und keine Erfahrung hatten, um ihn beim Lernen zu unterstützen, fiel Vai in seinen schulischen Leistungen zurück. Da formelle Schuldbildung für ihn Neuland war, hielten sich Vais Eltern an seine Highschool-Betreuer, die ihn in zu Sportstipendien rieten und seinen schulischen Leistungen nicht viel Aufmerksamkeit schenkten. Folglich belegte Vai die meisten seiner Highschool-Kurse bei seinen Betreuern mit dem hohen Anspruch, einen Notendurchschnitt von 2,0 zu erreichen, um seine Spielberechtigung zu behalten.

Mit jedem Jahr fiel er in seinen Leistungen immer mehr zurück, außer in einem Fach – Englisch. Vai hatte eine Highschool-Englischlehrerin namens Barbara Nielsen. Nachdem sie Vai in ihrer Klasse beobachtet hatte, bemerkte sie sofort seine Defizite beim Lesen, Schreiben und Sprechen. Im Alter von 15 Jahren las er auf dem Niveau der fünften Klasse und lag damit fünf Jahre hinter seinen Altersgenossen zurück. Barbara rief Vais Eltern an und vereinbarte, jeden Samstag zu ihnen nach Hause zu kommen, um das Lesen zu üben. Und das war nicht alles: Sie brachte Vai bei der Schülerzeitung unter, wo er schließlich die englische Sprache so gut zu beherrschen lernte, dass er Artikel schreiben konnte. Woche für Woche kam sie zu ihnen nach Hause, und sie arbeiteten sich durch *Große Erwartungen* und *Wer die Nachtigall stört*. Vai las, und Barbara stellte ihm Fragen. Damals wusste er es noch nicht, aber die von Barbara geschaffene Sicherheit des Lernens wurde zu einem tröstenden Einfluss und zu einem Dreh- und Angelpunkt in seinem Leben, der seine zukünftigen Lernbemühungen in den kommenden Jahren maßgeblich unterstützen sollte.

Vai hatte im Alter von 15 Jahren eine Lernlücke von fünf Jahren im Leseverständnis, aber er hatte eine viel größere Lücke in Mathematik und Naturwissenschaften. Diese Lücke wurde nie geschlossen. In der Zwischenzeit wurde er ein hervorragender Footballspieler und erhielt ein Stipendium der National Collegiate Athletic Association (NCAA) für die Brigham Young University. Vai lernte fleißig, aber durch Fleiß allein konnte er den massiven Lernrückstand in Mathe und Naturwissenschaften nicht aufholen.

Schlüsselprinzip: Mit Fleiß allein lässt sich eine Lernlücke nicht schließen. Die Sicherheit des Lernens ist entscheidend.

Nachdem er im Physikkurs durchgefallen war und auch in anderen Kursen schlecht abgeschnitten hatte, verlor er sein Selbstvertrauen. Schließlich verwarf er die Möglichkeit, einen College-Abschluss zu erwerben. Stattdessen konzentrierte er sich darauf, die Spielberechtigung für Football zu erhalten, indem er eine Reihe von Einstiegskursen belegte. Bevor er die Brigham Young University verließ, fiel er in Physik fünfmal durch und entschied sich nie für einen Hauptstudiengang. Wie er es ausdrückt: „Ich habe nur versucht, durchzuhalten."

Vai wurde der erste Amerikaner tonganischer Abstammung, der in der National Football League spielte und in acht Spielzeiten in drei Teams mitwirkte. Er wurde als Punt Returner zweimal in die Pro Bowl berufen. Nach acht Jahren zog sich Vai aus der NFL zurück und wurde bei WCAU, dem CBS-Fernsehsender in Philadelphia, als Wochenend-Sportreporter eingestellt. Der Sender wurde später an NBC verkauft, und Vai sendete an Wochentagen und wurde schließlich zum Sprecher der Morgennachrichten und Sportdirektor des Senders. Seine Karriere als NFL-Spieler war sicher eine Hilfe, aber wo und wie hat Vai Rundfunkjournalismus gelernt, und was hat ihm den Mut gegeben, es zu versuchen? Das wenig bekannte Geheimnis ist, was Vai in der Nebensaison tat. Er ging zum örtlichen Fernsehsender und fragte, ob er als Praktikant arbeiten könne. „Ich habe gelernt, Kaffee zu kochen, Doughnuts zu holen und an Drehbüchern mitzuwirken. Sie gaben mir kleine Gelegenheiten, an meiner Aussprache und Betonung zu arbeiten. Ich musste den Leuten zeigen, dass ich nicht davor zurückschrecke, die Ärmel hochzukrempeln und Dinge zu tun, die Profisportler normalerweise nicht tun würden."

Vai überlebte die durchschnittliche NFL-Karriere von 3,3 Jahren bei weitem, wusste aber, dass sie einmal zu Ende gehen würde. Mit vier Kindern und ohne Abschluss wusste er auch, dass er etwas tun musste, um sich auf die Zukunft vorzubereiten. „Ich hatte viele Mentoren auf meinem Weg, aber ich muss sagen, dass die Motivation, mich in diese Arbeit zu vertiefen, zu einem großen Teil auf Frau Nielsen zurückgeht. Sie hat einen Samen in mir gepflanzt, als ich 15 war, und der ist nie vertrocknet." Um seine unwahrscheinliche Reise zu krönen, schrieb sich Vai an einem örtlichen Community College in Philadelphia ein und erhielt eine Eins in Physik.

„Es gibt *keinen* Zusammenhang", so Carol Dweck von der Stanford University, „zwischen den Fähigkeiten oder der Intelligenz der Schüler und der Entwicklung von meisterhaften Qualitäten. Einige der begabtesten Schüler meiden Herausforderungen, wollen sich nicht anstrengen und werden angesichts von Schwierigkeiten schwach. Und einige der weniger begabten Schüler sind echte Draufgänger, die sich an Herausforderungen erfreuen, hartnäckig bleiben, wenn die Dinge schwierig werden, und mehr erreichen, als man erwartet."[15] Dweck erwähnt hierbei nicht die entscheidende Rolle, die das Umfeld bei all dem spielt. Also der soziale Austausch von Ermutigung gegen Engagement, der die Sicherheit des Lernens definiert. Ich kann nicht behaupten, dass ich eine einzige Person kenne, die die Widrigkeiten des Lebens ohne Hilfe überwunden hat. Es gibt immer jemanden, der eine entscheidende Rolle spielt, so wie Frau Nielsen es für Vai tat. In diesem Fall hat sie schon früh ihren Einfluss geltend gemacht, und dieser Einfluss hat ihn ermutigt, Misserfolge gleichmütig hinzunehmen. Ein Moment des Nachdenkens zeigt, dass das wahre Erfolgsrezept darin besteht, hart zu arbeiten und sich helfen zu lassen. Und dort, wo der Lebensweg eines Menschen mit Nachteilen beginnt, kann die Sicherheit des Lernens zum großen Gleichmacher werden.

Schlüsselfrage: Fällt Ihnen eine Person ein, die in Ihrem Leben eine entscheidende Rolle gespielt hat, indem sie die Sicherheit des Lernens geschaffen und an Ihre Lernfähigkeit geglaubt hat?

In Organisationen steht der Mensch im Mittelpunkt

Die Führungsetagen vieler Unternehmen sind immer noch von Babyboomern bevölkert, die gerade noch durchhalten und versuchen, bis zur Pensionierung eine berufliche Fehlentwicklung zu vermeiden, die sich an alte Fähigkeiten aus einer anderen Zeit klammern, unflexibel sind, die öffentlich die neue Welt anerkennen, aber insgeheim nicht bereit sind, in ihr zu lernen.

Warum tun sie das? Sie haben den Anschluss verloren und sind nun zwischen zwei Welten gefangen. Sie sind in einer Welt aufgewachsen, die von Maschinen besessen war, die für Automatisierung, Massenproduktion und Skalierung sorgten, und die dem Humankapital, insbesondere ihrem eigenen, nicht viel Aufmerksamkeit schenkte.

Humankapital ist alles. Und doch wurde Steve Kerr, der erste Mensch, der den Titel Chief Learning Officer trug, erst 1994 vom damaligen CEO Jack Welch in diese Position bei General Electric berufen. Die Anerkennung des Individuums als Quelle der produktiven Kapazität war ein langsamer Entwicklungsprozess.

Die vorherrschende Denkweise ging davon aus, dass nur ein kleiner Teil der Belegschaft eines Unternehmens lernen und einen Beitrag als Wissensarbeiter leisten konnte. Die Führungskräfte gingen von der Annahme aus, dass es intelligente und nicht intelligente Teile der Organisation gibt. Beeinflusst durch die Arbeit von Frederick Winslow Taylor schränkten die Unternehmen die menschliche Arbeit ein und unterteilten sie in Kategorien, die an der reinen aufgabenbezogenen Produktivität gemessen wurden. Der größere nicht intelligente Teil der Organisation wurde nicht einmal für seine kreativen Leistungen berücksichtigt. Das ist eine Denkweise, die auf jahrhundertealten Vorurteilen beruht, die uns blind für das Potenzial der Menschen gemacht haben.

Schlüsselprinzip: Der voreingenommene Verstand ist absichtlich blind.

Selbst im intelligenten Teil der Organisation herrschte die Denkweise vor, dass einmaliges Lernen zu einer dauerhaften Qualifikation führt. Dieses aus dem Industriezeitalter stammende Modell beruhte auf einem Grundgedanken, der Vermögenswerte wertschätzte und Menschen zu Objekten machte. Obwohl in der zweiten Hälfte des 20. Jahrhunderts in den Organisationen Verhaltensforscher auf den Plan traten, blieben das Erbe der Hierarchie und die regelbasierte Betonung von Verantwortlichkeit und interner Kontrolle im Mittelpunkt.

Denken Sie über dieses Erbe im heutigen Kontext nach. Der natürliche Aufstieg und Fall von Wettbewerbsvorteilen ist nichts Neues. Neu ist jedoch die durchschnittliche Dauer dieses Auf- und Abstiegs. Sie ist viel kürzer geworden. Da sich dieser Trend fortsetzt, wird Lernen immer wichtiger für den Erfolg, denn die Halbwertszeit des Wissens einer Organisation spiegelt ihre Wettbewerbsstrategie wider. Durch die allgemeine Verkürzung der Zeiträume verlagert sich die Quelle der ständigen Wettbewerbsfähigkeit natürlicherweise auf das Lernen. Ein Wettbewerbszyklus ist ein Lernzyklus. Entweder man lernt und rüstet um, um wettbewerbsfähig zu bleiben, oder man geht das große Risiko der Bedeutungslosigkeit ein.

Früher dachten wir, Lernen sei eng begrenzt und ereignisorientiert, und wird durch ein Problem oder eine Frage ausgelöst. Jetzt ist es kontinuierlich und in den Arbeitsablauf eingebettet. Infolgedessen wird es immer schwieriger, Lernen und Produktion voneinander zu trennen, da der Erwerb von Wissen und die Schaffung von Werten eng miteinander verwoben sind. Die Grenze zwischen den beiden Prozessen ist dünner denn je, da der Einzelne in Echtzeit zwischen ihnen hin- und herwechselt. Prozesstechnologien werden mit der Zeit in Systeme des Lernens und der Personalführung integriert, um eine nahtlosere Integration von Arbeitsabläufen und Lernen zu ermöglichen.

Die Gefahr besteht darin, zu glauben, dass Technologie die geheime Zutat ist, die zur Schaffung einer lernenden Organisation führt. Dieser übermäßige Glaube an die Macht der Technologie ist das, was Richard Florida als „Techno-Utopismus“ bezeichnet.[16] So beeindruckend die Fortschritte in der kollaborativen Technologie sind, sie können die gewaltige Barriere der Angst nicht überwinden, die autokratische Führung immer errichtet. Und doch hören wir häufig die Fürsprecher, die das grenzenlose Potenzial der neuesten technologischen Errungenschaften wie Mash-up-Webanwendungen, virtuelle Lernwelten, Hackathons und Tools zur Leistungsunterstützung verkünden. Der Hype um technologische Fortschritte, romantische Wunschvorstellungen und Heilsversprechen reißt nicht ab.

Es ist hilfreich, darüber nachzudenken, was eine Organisation wirklich ist. Es gibt viele Definitionen, aber die vielleicht Beste für unsere Zeit stammt von dem Bildungstheoretiker Malcolm Knowles. Er schlägt vor, eine Organisation als ein „System des Lernens und der Produktion“ zu betrachten.[17] Heutzutage konkurrieren Organisationen buchstäblich auf der Grundlage ihrer Fähigkeit zu lernen. In einem gnadenlosen, stark konkurrierenden Umfeld ist es die zentrale geschäftliche Herausforderung unserer Zeit, eine Organisation zu schaffen, die mit der Geschwindigkeit des Wandels lernt oder noch schneller. Das ist die eigentliche Definition einer Agilität oder Flexibilität des Lernens.

Peter Drucker prägte 1959 den Begriff des *Wissensarbeiters*, und doch versuchen wir immer noch, die alten Annahmen des Industriezeitalters zu überwinden. Wir ernennen weiterhin autoritäre Chefs, die in einer anderen Zeit und an einem anderen Ort geprägt wurden, zur Führung von Unternehmen. Sie überleben nur, weil ihre Organisationen über Wettbewerbsvorteile verfügen, die ihre Schwächen kompensieren und verbergen. Die zunehmenden Anforderungen einer vielgestaltigen Organisation verlangen von einer Führungskraft, dass sie richtungsweisend, dienend, coachend, befähigend und fördernd ist. Wir sehen, dass sich die vorherrschenden Führungsmuster von bürokratisch und autokratisch zu demokratisch und egalitär, von aufgabenorientiert zu menschenorientiert und von direktiv zu fördernd weiterentwickeln.

Das ist nicht nur eine grundlegende Veränderung gegenüber dem Modell der Führungskraft als Orakel, sondern erfordert auch eine ganz andere emotionale und soziale Haltung der Führungskräfte. Führende müssen sich damit anfreunden, sich durch ihre Lern- und Anpassungsfähigkeit und nicht durch ihr Fachwissen als kompetent darzustellen. Um die Sicherheit des Lernens zu fördern, müssen Führungskräfte ein Maß an Bescheidenheit und Neugierde vorleben, das den meisten traditionellen Vorstellungen von Führung fremd ist. Ironischerweise werden Führungskräfte herausgefordert, Vertrauen in eine Haltung des Nichtwissens zu entwickeln. Sie müssen sich mit der Tatsache abfinden, dass sie im Laufe ihrer Lernzyklen Phasen vorübergehender Inkompetenz durchlaufen werden.

Als jemand, der mit einigen sehr schwierigen Teams zusammengearbeitet hat, möchte ich zwei letzte Vorschläge machen, um die Sicherheit des Lernens zu fördern und zu erhalten. Erstens: Kümmern Sie sich um diejenigen, die mit dem Mund lernen – die lautstarken, aggressiven Mitglieder Ihres Teams, die dazu neigen, ihre Kolleginnen mit verbalen Feuerstürmen und kritischen Äußerungen zu bedrohen. Zweitens: Lassen Sie niemals zu, dass Hierarchien jemanden von der Verantwortung für das Lernen entbinden. Wenn ich Führungsteams schule, nimmt etwa die Hälfte der CEOs nicht teil. Die anderen sind wissbegierig. Wer ist im Vorteil?

Schlüsselfragen: Sind Sie ein Vorbild für die Führungskraft als Lernenden oder die Führungskraft als Orakel? Zeigen Sie eine intensive, selbstgesteuerte Lernbereitschaft?

Führungskräfte, die sich für die Sicherheit des Lernens einsetzen, sind sich bewusst, dass Lernen die Grundlage für Wettbewerbsvorteile ist. Sie wissen, dass es die höchste Form des Risikomanagements im Unternehmen darstellt und dass das größte Risiko, das ein Unternehmen eingehen kann, darin besteht, nicht mehr zu lernen. Es scheint immer klarer zu werden, dass Führungskräfte, die keine tiefgreifenden Muster intensiven und selbstgesteuerten Lernens entwickeln, mit ziemlicher Sicherheit scheitern werden. Diejenigen, die dies tun, werden mit hoher Wahrscheinlichkeit erfolgreich sein, vorausgesetzt, sie kombinieren diese Lernmuster mit der Fähigkeit, Menschen zu begeistern. Letztendlich kann die Sicherheit des Lernens nur dann gewährleistet werden, wenn sie vorgelebt, kommuniziert, gelehrt, gemessen, anerkannt und belohnt wird.

Schlüsselfrage: Wie können Sie die Angst der Lernenden so weit abbauen, dass auch die zögerlichsten und ängstlichsten Teammitglieder sich einbringen?

Ihr Team mag mit brillanten Mitarbeitenden und reichlich Ressourcen ausgestattet sein, aber wenn die einzelnen Mitarbeitenden sich nicht frei genug fühlen, um zu erforschen, nachzufragen, anzustoßen, auszutesten und Prototypen zu entwickeln, dumme Fragen zu stellen, sich zu strecken und zu stolpern, werden sie sich nicht einbringen.[18] Die Sicherheit des Lernens ist wichtig, denn sie ermutigt diese besonderen Verhaltensweisen des Lernens. Noch beeindruckender ist die Tatsache, dass die Sicherheit des Lernens wie ein unsichtbares Mittel wirken kann, um das Zögern zu beseitigen und die Angst zu verringern, die Mitarbeitende oft empfinden, wenn sie diejenigen um Hilfe bitten, die ihnen buchstäblich den Job wegnehmen könnten.[19] Letztendlich hat jeder von uns die Wahl, die Sicherheit des Lernens zu kultivieren oder zu unterdrücken, zu fördern oder zu vernachlässigen, zu stimulieren oder zu hemmen.

Schlüsselprinzipien

- Die wahre Definition von sozialer Verwüstung ist, dass es niemanden interessiert, wenn man scheitert.
- In fast allen Fällen lassen Eltern und Schulen die Schüler im Stich, bevor die Schüler selbst versagen.
- Während die unsichere Schule höchstwahrscheinlich ein Hort der Vernachlässigung ist, ist der unsichere Arbeitsplatz höchstwahrscheinlich ein Hort des Spottes.
- Ein feindliches Lernumfeld, sei es zu Hause, in der Schule oder am Arbeitsplatz, ist ein Ort, an dem Angst den Instinkt zur Selbstzensur auslöst und den Lernprozess zum Erliegen bringt.
- Wenn das Umfeld bestraft, anstatt zu lehren, sei es durch Vernachlässigung, Manipulation oder Zwang, zieht sich der Einzelne zurück, ist weiniger in der Lage, über sich zu reflektieren, eigene Muster zu erkennen, sich selbst zu coachen und zu korrigieren. Das birgt das Risiko eines echten Scheiterns – das Scheitern, es nicht weiter zu versuchen.
- Das moralische Gebot beim Gewähren der Sicherheit des Lernens besteht darin, zuerst zu handeln, indem man den Lernenden zum Lernen ermutigt. Machen Sie den ersten Schritt.
- Erwartungen beeinflussen das Verhalten in beide Richtungen. Wenn man die Messlatte hoch oder niedrig ansetzt, neigen die Menschen dazu, hoch oder niedrig zu springen.
- Scheitern ist nicht die Ausnahme, es ist zu erwarten und der Weg nach vorn. Vor der Entdeckung wird es Entmutigung geben.
- Der Mensch verarbeitet soziale, emotionale und intellektuelle Prozesse gleichzeitig.
- Das wichtigste Signal für die Gewährung oder Verweigerung der Sicherheit des Lernens ist die emotionale Reaktion der Führungskraft auf Meinungsverschiedenheiten und schlechte Nachrichten.
- Wir schützen unser soziales und emotionales Selbst mit ausgeklügelten persönlichen Überwachungssystemen.
- Mit Fleiß allein lässt sich eine Lernlücke nicht schließen. Die Sicherheit des Lernens ist entscheidend.
- Der voreingenommene Verstand ist absichtlich blind.

Schlüsselfragen

- Wie viele Schüler kennen Sie, die in der Schule erfolgreich sind, während sie emotional leiden?
- Hatten Sie jemals einen Lehrer, der mehr Vertrauen in Ihre Lernfähigkeit hatte als Sie selbst? Wie hat sich das auf Ihre Motivation und Ihren Einsatz ausgewirkt?

- Wenn Sie anfangen, mit neuen Leuten zu arbeiten, beurteilen Sie deren Begabung sofort oder können Sie diesen Impuls loslassen?
- Bestraft Ihr Team das Scheitern? Bestrafen Sie Misserfolge?
- Lernen Sie aus Ihren Misserfolgen genauso viel oder mehr als aus Ihren Erfolgen?
- Hatten Sie in Ihrem Leben eine Lehrerin, die Ihnen die Sicherheit des Lernens vermittelte und Sie zu neuen Höchstleistungen anspornte?
- Wann haben Sie das letzte Mal ein Lernumfeld geschaffen, das die Neugierde und Motivation eines anderen Menschen fördert?
- Fällt Ihnen eine Person ein, die in Ihrem Leben eine entscheidende Rolle gespielt hat, indem sie die Sicherheit des Lernens geschaffen und an Ihre Lernfähigkeit geglaubt hat?
- Wie können Sie die Angst der Lernenden so weit abbauen, dass auch die zögerlichsten und ängstlichsten Teammitglieder sich einbringen?
- Wie können Sie die Angst der Lernenden so weit abbauen, dass auch die zögerlichsten und ängstlichsten Teammitglieder sich einbringen?
- Sind Sie ein Vorbild für die Führungskraft als Lernenden oder die Führungskraft als Orakel? Zeigen Sie eine intensive, selbstgesteuerte Lernbereitschaft?

Stufe 3
Die Sicherheit des Beitragens

„Ich betrachte uns bei alldem als Partner, jeder von uns leistet seinen Beitrag und tut das, was er oder sie am besten kann. Deshalb sehe ich keine oberste und unterste Sprosse auf einer Leiter – ich verstehe es horizontal, wir sind alle Teil einer Matrix."

– Jonas Salk

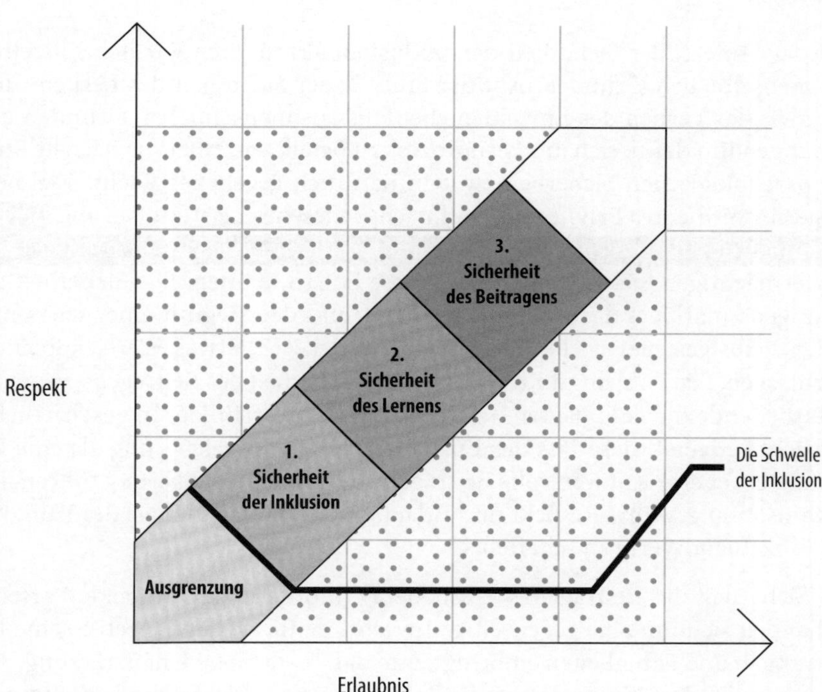

Abbildung 7: Die dritte Stufe auf dem Weg zu Inklusion und Innovation

Jetzt geht's los!

Waren Sie schon einmal in einer Sportmannschaft, durften aber nicht mitspielen? Stattdessen saßen Sie auf der Bank. Wie fühlt es sich an, auf der Ersatzbank zu sitzen? Wenn Ihre Mannschaftskameraden Sie akzeptierten, erlebten Sie die Sicherheit der Inklusion. Wenn Sie hart trainiert haben, erfuhren Sie die Sicherheit des Lernens. Wenn Sie aber nie mitspielen konnten, erlebten Sie keine Sicherheit des Beitragens (Abbildung 7).

Das Sitzen auf der Bank ist ein Schwebezustand zwischen Vorbereitung und Leistung. Es ist sozial und emotional schmerzhaft. Eines Tages klopft Ihnen der Trainer auf die Schulter und sagt: „Jetzt kommst du ins Spiel." Und schon stehen Sie auf dem Spielfeld. Sie sind nicht mehr Zuschauerin, sondern Mitspielerin. In diesem Moment wird aus dem Schwebezustand eine innere Zufriedenheit. Man bereitet sich nicht mehr auf etwas vor, das nie kommt.

> **Schlüsselprinzip:** Abgesehen von denjenigen, die durch Furcht oder Angst gelähmt sind, haben die Menschen einen tiefen und unablässigen Drang, am Spiel teilzunehmen.

Auf der Stufe 1, der Sicherheit der Inklusion, akzeptieren wir den Einzelnen aus menschlichen Gründen. Auf der Stufe 2, der Sicherheit des Lernens, fördern wir das Lernen des Einzelnen ebenfalls aus menschlichen Gründen und ermutigen ihn dann, sich am Lernprozess zu beteiligen. Aber die nächste Stufe der psychologischen Sicherheit ist kein natürlich gegebenes Recht. Vielmehr ist sie ein verdientes Privileg, das auf nachgewiesener Leistung beruht. **Bei der Sicherheit des Beitragens bieten wir Autonomie im Austausch für Leistung.** Wir ermächtigen Sie, wenn Sie Ergebnisse liefern können. Die Sicherheit des Beitragens markiert das Ende der Lehrzeit und den Beginn einer wirkungsvollen, selbstgesteuerten Leistung. Es ist an der Zeit, etwas Wertschöpfendes beizutragen. Die Führungskraft gewährt die Sicherheit des Beitragens, wenn die Mitarbeitende die Fähigkeiten hat, ihre Aufgabe zu erfüllen. In geschäftlicher Hinsicht bedeutet dies, dass der Einzelne eher eine Bereicherung als eine Belastung ist, er erbringt wertvolle Beiträge, die zu Gewinnsteigerung führen. Die Organisation gewährt Respekt und Erlaubnis auf der Grundlage der Fähigkeit des Einzelnen, Werte zu schaffen.

Die Sicherheit des Beitragens stellt höhere Anforderungen an beide Parteien. Es handelt sich um eine gegenseitige Investition, in die der Einzelne seine Bemühungen und Fähigkeiten einbringt, und das Team bietet Unterstützung, Anleitung und Orientierung. Wenn die Entwicklung zur Sicherheit des Beitragens funktioniert, ermächtigt das Team den Einzelnen und sagt: „Tu es!" In ähnlicher Weise ist der Einzelne an diesem Punkt nun bereit und hat ein größeres Verlangen entwickelt, einen Beitrag zu leisten. Er sagt: „Lasst mich das machen." Dies erlebe ich gerade bei meinem Sohn, der vor Kurzem seinen Führerschein gemacht hat. Er hat die schriftliche Prüfung und die Verkehrsprüfung bestanden. Seine Mutter und ich haben mit ihm 40 Stunden Fahrpraxis am Tag und acht Stunden Fahrpraxis in der Nacht absolviert, um die Zulassungsbedingungen zu erfüllen.

Zu diesem Zeitpunkt wäre es völlig unnatürlich, wenn er zu mir sagen würde: „Papa, kannst du mich zu meinem Freund fahren?" Er will das Steuer selbst in die Hand nehmen. Und so sollte es auch sein.

Schlüsselprinzip: Die Vorbereitung auf die Leistung schafft den Wunsch, Leistung zu erbringen.

Deshalb kann man sich nicht ewig damit begnügen, am Spielfeldrand zu stehen. Der soziale Austausch auf dieser dritten Stufe umfasst gelenkte Autonomie gegen Leistung. Aber wenn der Einzelne nicht die erforderliche Leistung erbringt, gibt ihm die Organisation nurmehr die Sicherheit des Lernens. Wenn man einmal im Spiel ist, muss man seinen Beitrag leisten, sonst sitzt man bald wieder auf der Bank. Wenn Sie hingegen einen Beitrag leisten können, aber nie die Chance dazu bekommen, werden Sie sich entweder mit dieser Realität abfinden oder sich ein anderes Team suchen.

Die Sicherheit des Beitragens ist daher die vollständige Aktivierung des Sozialvertrags. Sobald der Einzelne den Status eines Auszubildenden hinter sich gelassen hat, erwartet er oder sie, wie ein vollwertiges Mitglied des Teams behandelt zu werden, und die Organisation erwartet einen wertvollen Beitrag. Die Sicherheit des Lernens ist die Phase der Vorbereitung, die Sicherheit des Beitragens hingegen die Phase der Leistung. Der Übergang zur Sicherheit des Beitragens ist das Signal, dass es an der Zeit ist, dass das Team Ihnen zutraut, die Ihnen zugewiesene Rolle auszufüllen. Die Organisation erwartet von Ihnen, dass Sie Ihre Verantwortung annehmen und kompetent arbeiten.

Im 21. Jahrhundert werden Leistungen vor allem im Team erbracht. Wahrscheinlich werden Sie im Laufe Ihres Berufslebens Mitglied zahlreicher intakter und funktionsübergreifender Teams sein. Mit einigen werden Sie an einem Ort zusammenarbeiten, während Sie mit anderen den ganzen Globus umspannen. Da die Organisationen zunehmend flacher werden, ist es sogar immer häufiger der Fall, dass man gleichzeitig Mitglied mehrerer Teams ist.[1] Unabhängig von der Art der Arbeit, die Sie verrichten, und dem Team, dem Sie angehören, wird diese dritte Stufe der psychologischen Sicherheit immer die Grundlage der Leistungsfähigkeit sein.

Ausführung versus Innovation

Wenn wir die Sicherheit des Lernens als die Vorbereitung und die Sicherheit des Beitragens als das Erbringen von Leistung betrachten, was genau verstehen wir dann unter *Leistung*? Die Antwort: Ausführung und Innovation.

> **Schlüsselprinzip:** Unternehmen ermöglichen nur zwei Prozesse – Ausführung und Innovation. Ausführung ist die Schaffung und Lieferung von Werten in der Gegenwart, während Innovation die Schaffung und Lieferung von Werten in der Zukunft ist.

Die Unterschiede zwischen diesen beiden Prozessen sind grundlegend. Bei der Ausführung geht es darum, die Arbeit zu optimieren und Prozesse zu skalieren. Es geht um Kontrolle und um die Beseitigung von Veränderlichkeit, mit dem Ziel, Effizienz zu erreichen. Innovation ist das Gegenteil davon. Hier geht es um Freiheit, Fantasie, Kreativität und das Umarmen von Veränderlichkeit. Da es bei der Ausführung eher um Standardisierung und bei der Innovation eher um Abweichung geht, gibt es ein natürliches Spannungsverhältnis und einen Kompromiss zwischen beiden. Die grundlegende Unterscheidung zwischen Ausführung und Innovation gilt sowohl für einen multinationalen Konzern als auch für den örtlichen Verein der Shiitake-Pilzzüchter. Bedeutet das, dass es bei der Sicherheit des Beitragens nur um die Ausführung und nicht um Innovation geht? Nicht ganz. An dieser Stelle wird die Entwicklung der psychologischen Sicherheit noch interessanter.

Innovation kann weiter in offensive und defensive Arten unterteilt werden. Offensive Innovation ist proaktiv, während defensive Innovation reaktiv ist. Beide sind Reaktionen auf adaptive Herausforderungen, nur auf unterschiedliche Arten.

> **Schlüsselprinzip:** Offensive Innovation ist eine Reaktion auf eine Möglichkeit, während defensive Innovation eine Reaktion auf eine Bedrohung oder Krise ist.

Offensive Innovation bedeutet, dass Sie den Wandel wählen. Bei der defensiven Innovation wählt der Wandel Sie. Warum ist diese Unterscheidung wichtig? Sie ist wichtig, weil defensive Innovation ein natürlicher Bestandteil der Sicherheit des Beitragens ist, offensive Innovation hingegen nicht. Abbildung 8 zeigt die beiden Arten grafisch.

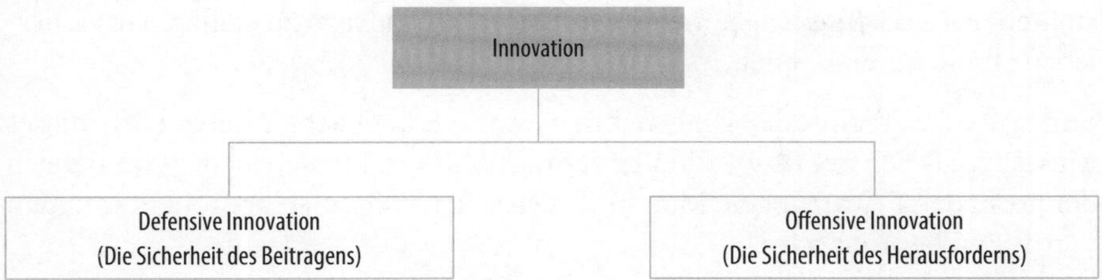

Abbildung 8: Defensive und offensive Innovation in den Stufen 3 und 4

Als ich Werksleiter bei Geneva Steel war, verkauften wir Stahlplatten an Caterpillar. Dort verwendete man sie zur Herstellung von Teilen für Großgeräte. Irgendwann teilte man uns mit, dass die Oberflächenqualität unseres Stahlblechs nicht mehr akzeptabel sei. Caterpillar verschärfte die Qualitätsparameter, und wir mussten entweder einen Weg finden, diese einzuhalten, oder sie würden sich einen anderen Lieferanten suchen. Wir sahen uns also mit einer neuen adaptiven Herausforderung konfrontiert. In diesem Fall war es eine Bedrohung, die schnell zu einer Krise werden konnte. Ich erinnere mich noch gut daran, wie wir unser Team zu einer ersten Krisensitzung zusammenriefen. Alle waren daran beteiligt – die Bediener der Maschinen, die Ingenieure für Verfahrenstechnik, Chemie, Metallurgie und Qualitätssicherung, die Wartungsmitarbeiter – und zusammen versuchten wir herauszufinden, wie man kleine oberflächliche Defekte vermeiden konnte. Wir brauchten nicht nur eine gute Ursachenanalyse und Abhilfemaßnahmen, wir brauchten auch eine defensive Innovation, und zwar schnell.

Dieses Beispiel ist typisch für Prozesse in fast jeder Organisation. Die Anforderungen der Geschäftspartner ändern sich, die Verbraucherpräferenzen entwickeln sich, neue Wettbewerber tauchen auf, es gibt demografische Veränderungen, die Technologie entwickelt sich immer schneller. Entweder führen wir defensive Innovationen durch, um wettbewerbsfähig zu bleiben, oder wir scheitern an der Herausforderung, weil wir nicht genug Sicherheit des Beitragens gewährleisten, um Fehler oder Verbesserungen offen zu diskutieren. Defensive Innovation ist ein Aspekt der Sicherheit des Beitragens, weil es riskanter ist, nichts zu tun, als eine Antwort zu finden.

> **Schlüsselprinzip:** Wenn eine äußere Bedrohung den Status quo infrage stellt, wird die natürliche Angst, den Status quo infrage zu stellen, durch den Überlebensinstinkt ersetzt.

In solchen Situationen wollen und erwarten wir defensive Innovation. Sie gehen kein persönliches Risiko mehr ein, wenn Sie den Status quo infrage stellen. Sie können sich bei einer äußeren Instanz bedanken, die diese Aufgabe für Sie übernimmt. In diesem Fall war es Caterpillar, und sobald sie die neue Anforderung stellten, gab es keine Angst mehr, den Status quo infrage zu stellen. Das Überleben stand auf dem Spiel.

Für fast jedes Team oder Unternehmen, das ich beobachtet habe, trifft dieses Muster zu. Defensive Innovation zu verfolgen, um zu überleben, liegt im Bereich der normalen Erwartungen. Man fühlt sich selten von innen bedroht, wenn man von außen bedroht wird.

Schlüsselfrage: Haben Sie jemals eine Bedrohung von außen erlebt, die Ihnen die Angst genommen hat, den Status quo infrage zu stellen?

Äußere Bedrohungen verbinden uns miteinander. Sie führen dazu, dass wir uns auf ein einheitliches Ziel ausrichten, da sie die klare und gegenwärtige Gefahr eines gemeinsamen Feindes darstellen. Proaktive Innovation ist jedoch etwas ganz anderes. Sie ist mit einem weitaus größeren persönlichen Risiko verbunden und erfordert daher ein höheres Maß an psychologischer Sicherheit, die auf einem höheren Maß an Respekt und Erlaubnis beruht. Hier ist die Sicherheit des Herausforderns notwendig, die wir im nächsten Kapitel erörtern werden. Zusammenfassend lässt sich also sagen, dass die Sicherheit des Beitragens die Ausführung und die defensive Innovation fördert, aber nicht das höhere Maß an Risiko und Verletzlichkeit, das in der Regel für die offensive Innovation erforderlich ist.

Gelenkte Autonomie im Austausch für Ergebnisse

Im Sozialvertrag der dritten Stufe der Sicherheit des Beitragens wird Autonomie gegen Leistung getauscht. Die soziale Einheit gewährt dem Einzelnen mehr Unabhängigkeit und Eigenverantwortung, da er oder sie die Fähigkeit zeigt, nicht nur auf der Grundlage von erworbenen Kenntnissen und Fertigkeiten, sondern auch durch gute Arbeitsgewohnheiten und diszipliniertem Durchhalten – sowohl Know-how als auch Zuverlässigkeit – einen Beitrag zu leisten. Kurz gesagt, wenn wir die Stufe des Beitragens erreichen, bewegen wir uns auf einer höheren Ebene der individuellen Verantwortlichkeit (Tabelle 3). Jede Person, die in die Stufe des Beitragens wechselt, ist für ein Arbeitsprodukt, Ergebnisse und Leistungen verantwortlich. Meine Kinder im Teenageralter erledigen tägliche und wöchentliche Aufgaben, sie üben Musikinstrumente, erledigen die Hausaufgaben und füttern die Hunde. Je höher die Leistung ist, desto größer ist die Autonomie.

Tabelle 3: Stufe 3 Die Sicherheit des Lernens

Stufe	Definition von Respekt	Definition von Erlaubnis	Sozialer Austausch
1. Die Sicherheit der Inklusion	Respekt vor der Menschlichkeit des Einzelnen	Erlaubnis für die Person, Ihre persönliche Gesellschaft zu betreten	Inklusion für jeden Menschsein, wenn von ihm keine Bedrohung ausgeht
2. Die Sicherheit des Lernens	Respekt für das angeborene Bedürfnis des Einzelnen, zu lernen und zu wachsen	Erlaubnis für den Einzelnen, sich an allen Aspekten des Lernprozesses zu beteiligen	Ermutigung zum Lernen als Gegenleistung für Engagement im Lernprozess
3. Die Sicherheit des Beitragens	Respekt für die Fähigkeit des Einzelnen, Werte zu schaffen	Erlaubnis für den Einzelnen, unabhängig und nach eigenem Ermessen zu arbeiten	Gelenkte Autonomie im Austausch für Ergebnisse

Unabhängig von der Leistung des Einzelnen tragen wir die moralische Verantwortung, die Sicherheit der Inklusion und die Sicherheit des Lernens zu gewährleisten, sofern der Einzelne höflich und lernwillig ist. Der moralische Aspekt der Beziehung bei der Sicherheit des Beitragens ist jedoch ein anderer, weil der Einzelne eine größere Verantwortung trägt. Die Sicherheit des Beitragens umfasst den wechselseitigen Einsatz des Einzelnen und der sozialen Einheit. Wir haben keinen natürlichen Anspruch auf die Sicherheit des Beitragens, die sich einfach daraus ergibt, dass wir Menschen sind. Wir müssen sie uns verdienen. Dabei besteht der Instinkt von Führungspersönlichkeiten darin, mehr Autonomie zu gewähren, wenn die Mitarbeitenden unter ihrer Leitung selbstständiger werden und die erwarteten Ergebnisse erreichen. Meine Frau und ich erinnern unsere Kinder häufig daran, dass Elternschaft die schrittweise Übertragung von Verantwortung bedeutet, und je eher unsere Kinder bereit sind, sie zu übernehmen, desto eher sind wir bereit, sie abzugeben.

Schlüsselprinzip: Wenn Sie kompetent und bereit sind, Verantwortung zu übernehmen, sind Sie bereit, die Sicherheit des Beitragens zu erhalten.

Bei der Sicherheit des Beitragens übernimmt die Organisation das Risiko im Namen des Einzelnen, von dem ein Beitrag erwartet wird. Wenn etwas schief geht, fällt die Haftung für das Risiko des Scheiterns normalerweise auf die

Organisation und nicht auf den Einzelnen zurück. Wenn das Software-Entwicklungsteam meines Unternehmens eine fehlerhafte Lösung an einen unserer Kunden liefert, leiden wir alle darunter. Es überrascht nicht, dass wir umso weniger Autonomie gewähren, je höher das mit der Leistung verbundene Risiko ist, selbst wenn wir großes Vertrauen in den Einzelnen, seine Fähigkeiten und seine Zuverlässigkeit haben. Als ich das Stahlwerk leitete, hatten wir nicht weniger als 10.000 schriftliche Arbeitsstandards, die jede Stufe des Prozesses der Stahlherstellung regelten.

Wenn die Organisation die Sicherheit des Beitragens gewährt, was sie auch tun sollte, dann ist es davon abhängig, ob Sie dieses Vertrauen verdienen. Das bedeutet auch, dass Ihnen die Sicherheit des Beitragens verweigert wird, wenn Sie nicht dazu bereit sind oder der Aufgabe nicht gewachsen sind. Deshalb warten wir auf eine Erfolgsbilanz kontinuierlicher Leistungsfähigkeit, bevor wir die volle Sicherheit des Beitragens gewähren. Wenn die betreffende Person einer Aufgabe nicht gewachsen ist, wäre es in der Tat töricht, ihr die Sicherheit des Beitragens zu gewähren. Wir gehen schrittweise vor, je nach Leistung, um das Risiko auf dem Weg dorthin zu kontrollieren.

Schlüsselfrage: Haben Sie jemals einem Mitarbeitenden zu schnell die Sicherheit des Beitragens gewährt, obwohl er entweder nicht über die nötigen Fähigkeiten verfügte oder nicht bereit war, die Verantwortung für die Ergebnisse zu übernehmen?

Den Übergang zur Sicherheit des Beitragens gestalten

In vielen Organisationen ist der Übergang zur Sicherheit des Beitragens mit dem Abschluss einer formellen Ausbildung und dem Erwerb eines Zeugnisses verbunden, das bescheinigt, dass die betreffende Person in der Lage ist, eine bestimmte Tätigkeit, Rolle oder Funktion auszuüben. So müssen beispielsweise Ärztinnen, Anwälte, Lehrerinnen, Ingenieure, Piloten, Maurer, Buchhalterinnen und manchmal sogar Floristinnen Zertifizierungsprüfungen ablegen, um ihre Kompetenz nachzuweisen und als Mitglieder ihrer Berufsverbände zugelassen zu werden. Aber es gibt noch mehr Berufe, die nicht auf formelle Zeugnisse und Zulassungen angewiesen sind – Golfprofis, Fernsehmoderatorinnen, Sporttrainer für Nachwuchsmannschaften, Barista und Surflehrerinnen. Und dann gibt es noch einige Berufe, bei denen der Abschluss optional ist – die Köchin, der Reiseführer, die Landschaftsgärtnerin oder der Personal Trainer. Der Übergang von der Vorbereitung zur Leistung kann formell oder informell sein, und er kann schrittweise oder sofort erfolgen (Tabelle 4).

Tabelle 4: Wege des Übergangs von der Vorbereitung zur Leistung

Formell und sofort (Jurist)	**Formell und schrittweise** (Reporterin)
Informell und sofort (Sportlerin)	**Informell und schrittweise** (Elternteil)

Formell und sofort. Um Anwalt zu werden, muss man Jura studieren oder eine Ausbildung absolvieren, aber man ist erst dann berechtigt, als Anwalt zu praktizieren, wenn man die Anwaltsprüfung bestanden hat. Der Übergang zur Stufe des Beitragens erfolgt formell und unmittelbar nach dem Bestehen des Examens. Sie sind sicherlich kein erfahrener Jurist, aber Sie verfügen über die Mindestkenntnisse und -fähigkeiten, um diese Aufgabe zu erfüllen.

Formell und schrittweise. Beispiele für formelle graduelle Leistungsübergänge sind seltener, da ein formeller Prozess ein Ereignis oder eine Messung voraussetzt, um die Veränderung zu identifizieren. Ein formeller, stufenweiser Übergang beinhaltet in der Regel eher eine qualitative als eine quantitative Beurteilung der Fähigkeit einer Person, eine Aufgabe zu erfüllen. Ich habe zum Beispiel für eine Zeitung gearbeitet, die einen neuen Journalisten einstellte, um Geschichten zu schreiben. Die Einstellung und Ernennung zum Reporter war formell, aber dieser Reporter wurde zunächst als Jungreporter in der Lernphase betrachtet. Die Umwandlung in einen Feuilletonisten und die Übernahme tiefgehender Geschichten war ein schrittweiser Prozess, der vom Chefredakteur überwacht wurde. Es gab keine Prüfung oder Zertifizierung, sondern eher einen langsamen Übergang, der auf den reifenden Fähigkeiten des Einzelnen beruhte. Bei vielen Stellen in der Geschäftswelt ist es ähnlich: Man wird auf eine Stelle berufen, aber es müssen noch große Qualifikationslücken geschlossen werden, bevor man einen kompetenten Beitrag in dieser Funktion leisten kann.

Informell und sofort. Bei der informellen sofortigen Übernahme einer neuen Aufgabe gibt es keine formelle Zulassung oder Ernennung. Dies ist häufig der Fall, wenn aufgrund von Engpässen oder einer sprunghaften Zunahme der Nachfrage ein sofortiger Bedarf entsteht. Jemand muss dann einspringen und den Bedarf decken. Ein Beispiel: Eine Sportlerin verletzt sich und eine Ersatzspielerin wird sofort ins Spiel gerufen. Ein Mitarbeiter verlässt unerwartet ein Unternehmen und Sie werden gebeten, das Team zu leiten.

Informell und schrittweise. Schließlich ist ein informeller und allmählicher Übergang zum Beitragen vielleicht das häufigste Muster von allen. Es umfasst den natürlichen Prozess der Reifung zu höherer Leistung. Die wichtigsten Rollen in meinem Leben sind die des Ehemanns und des Vaters. Ironischerweise bin ich für diese wichtigsten Aufgaben nicht offiziell anerkannt, lizenziert oder zertifiziert. Der Tag meiner Heirat war zwar der Tag, an dem ich Ehemann wurde, aber er qualifizierte mich nicht dazu. In ähnlicher Weise wurde ich formell Vater, als mein Sohn geboren wurde, aber auch hier fiel das Ereignis seiner Geburt nicht mit meiner kompetenten Leistung als Vater zusammen. Dass man die Rolle hat, bedeutet nicht, dass man sie auch ausfüllen kann. In beiden Fällen hatte ich noch viel zu lernen. Ich habe diese Rollen übernommen, bevor ich angemessen darauf vorbereitet war. Aber ist das nicht bei den meisten Rollen, Positionen und Aufgaben im Leben so? Müssen wir nicht oft erst in sie hineinwachsen?

Drei Ebenen der Verantwortlichkeit

Der Austausch von Autonomie für Ergebnisse, der die Sicherheit des Beitragens kennzeichnet, nimmt an Umfang und Reichweite zu, wenn der Einzelne lernt, mehr beizutragen. Die Gewährung der Sicherheit des Beitragens folgt einem konsistenten Muster, bei dem die soziale Einheit Autonomie auf der Grundlage von drei Ebenen der Verantwortlichkeit gewährt – Aufgabe, Prozess und Ergebnis (Tabelle 5).

Tabelle 5: Die drei Ebenen der Verantwortlichkeit

3. Ergebnis
2. Prozess
1. Aufgabe

Wenn wir auf einer Stufe konstant gute Leistungen erbringen, ist die Organisation geneigt, uns auf die nächste Stufe zu befördern. Lassen Sie mich das anhand meiner eigenen illustren Karriere als Teenager illustrieren. Mein erster Job war das Pflücken von Aprikosen auf einer großen Obstplantage in Cupertino, Kalifornien. Ich trug zwei Blecheimer zu den Bäumen, füllte sie mit Aprikosen und brachte sie dann zum Vorarbeiter zurück, der die Aprikosen in Holzkisten schüttete. Zwei volle Eimer füllten eine Kiste. Bei dieser Arbeit wurde ich nur mit Aufgaben betraut und konnte nie zum Prozess übergehen.

In der Highschool fand ich einen Ferienjob bei einem Gartenbauunternehmen. Wir verbrachten jeden Tag damit, die Außenanlagen von Häusern und Unternehmen zu pflegen. Sobald ich die Tätigkeiten gelernt hatte, übertrug mir mein Chef die Verantwortung für umfangreichere Prozesse. Wir mähten, säuberten und säumten den Rasen, jäteten Unkraut und brachten die Blumenbeete in Ordnung. Er übertrug uns mehr Verantwortung, als wir die Fähigkeit und Bereitschaft zeigten, diese Arbeitsprozesse gut zu erledigen. Schließlich gingen wir zur Verantwortlichkeit für ein Ergebnis über, als er sich sicher genug fühlte, uns an einem Grundstück abzusetzen und zu sagen: „Sorgt dafür, dass es schön aussieht. Ich hole euch in zwei Stunden wieder ab."

Wenn wir zur Verantwortlichkeit für ein Ergebnis übergehen, ist es nicht mehr so wichtig, wie wir unsere Arbeit erledigen, wie wir unsere Aufgaben bewältigen und wie wir Projekte und Prozesse verwalten. Es geht um das Ergebnis. Als ich zur Universität kam, wurden die neuen Doktoranden in der ersten Woche zu einem Treffen eingeladen. Ich kann mich noch gut daran erinnern, wie ich dem Vizekanzler zuhörte, der über die Geheimnisse dieser ehrwürdigen Institution sprach. Ich kann mich nicht an alles, was er sagte, erinnern, aber eine Aussage hat sich für immer in mein Gedächtnis eingebrannt. Nach seiner langen Rede sagte er: „Bitte verstehen Sie, dass nur einer von drei von Ihnen den Doktortitel erfolgreich abschließen wird. Der Rest von Ihnen wird entweder aufgeben oder durchfallen. Willkommen an der Universität Oxford!"

In diesem Moment dachte ich ernsthaft darüber nach, einen Bus nach Heathrow zu nehmen und in ein Flugzeug zurück in die USA zu steigen. Glücklicherweise blieb ich und erfuhr, dass er nicht übertrieben hatte. Ich erfuhr auch, dass sich das Oxford-Modell der Verantwortlichkeit allein auf das Ergebnis konzentrierte. Man gewährte gelenkte Autonomie mit der Erwartung, dass man einen eigenständigen Beitrag zum Wissen in seinem Fachgebiet leisten würde. Das wurde sehr ernstgenommen, und mein Studienbetreuer war die Verkörperung dieses Vorgehens. Er war durchaus bereit, mir zu helfen, wollte sich aber nur dann mit mir treffen, wenn ich ihm etwas vorlegen konnte. Er gab mir Hilfestellung, aber er nahm mich nicht an die Hand, verhätschelte mich nicht und – was am wichtigsten war – er erlaubte keine Abkürzungen.

Schlüsselprinzip: Der Austausch von gelenkter Autonomie gegen Ergebnisse ist die Grundlage der Leistung.

Diese Selbstständigkeit wurde in meinem gesamten Berufsleben von mir erwartet. Als ich Manager eines Beratungsunternehmens mit Sitz in San Francisco wurde, war mein Chef in Boston, und ich sah ihn viermal im Jahr. Er stellte mir selten „Wie"-Fragen, sondern immer nur „Was"- und „Warum"-Fragen. Jedes Quartal fragte er: „Was ist Ihre Vision? Was ist Ihre Strategie? Was sind Ihre Ziele und warum?" Wenn meine Antworten akzeptabel waren, sagte er: „Gut, wir sehen uns im nächsten Quartal." Wenn ich ein Problem hatte, tauchte er mit mir tiefer in die Materie ein, aber er bezahlte mich für Ergebnisse, und ich verstand das. Wie Sie sehen, beruht die Sicherheit des Beitragens auf Vertrauen, also auf einer vorausschauenden Einschätzung des Verhaltens einer Person. Mein Chef gab mir Autonomie, wenn ich Ergebnisse lieferte.

Schlüsselfrage: Welche Ergebnisse werden von Ihnen auf der Grundlage des Austauschs von gelenkter Autonomie gegen Ergebnisse erwartet?

Die blaue Zone und die rote Zone

Jeder Mensch verfügt über fünf einzigartige menschliche Eigenschaften:

- **Motivation: Ihr Wunsch zu handeln.** Motivation ist der Treibstoff, um aufzustehen und loszulegen.
- **Willenskraft: Ihre Macht, für sich selbst zu entscheiden und zu handeln.** Zum Beispiel können Sie jetzt entscheiden, ob Sie weiterlesen wollen. Bitte lesen Sie weiter.
- **Kognition: Der geistige Prozess des Lernens** und die Fähigkeit zu moralischem und rationalem Denken. Wie tun wir das? Durch unsere Gedanken und die fünf Sinne.
- **Emotion: Ihr Gefühlszustand.** Sie können zum Beispiel Freude, Liebe, Angst, Überraschung oder Wut empfinden, was durch Ihre eigenen Gedanken und die Umstände, in denen Sie sich befinden, verursacht werden kann.
- **Auffassungsgabe: Der Zustand, in dem man sich seiner selbst**, seiner Gedanken und Gefühle und der Welt um sich herum **bewusst ist**. Es ist eine Sache, sich bewusst zu sein, aber Menschen haben auch die Fähigkeit, sich ihres eigenen Bewusstseins bewusst zu sein.

In Anbetracht dieser charakteristischen Merkmale ist uns klar, dass jeder für seine Aufmerksamkeit, Aktivität und Anstrengung verantwortlich ist. Es liegt in Ihrem persönlichen Ermessen, ob Sie Ihren Beitrag leisten oder sich zurückhalten. Sie haben einen Spielraum des Engagements, d. h. den Anteil an Arbeit, den Sie über die bloße Einhaltung von Vorschriften hinaus leisten möchten. Es liegt an Ihnen. Wenn eine Person die Sicherheit des Beitragens in einer Weise einschränkt, die uns dazu veranlasst, unsere freiwillig erbrachten Bemühungen aufgrund von Angst und potenziellem sozialen und emotionalen Schaden einzufrieren, nennen wir das eine rote Zone. Umgekehrt, wenn eine Person die Sicherheit des Beitragens auf eine Art und Weise gewährt, die dazu führt, dass wir unsere freiwillig erbrachten Bemühungen einbringen, nennen wir das eine blaue Zone (Tabelle 6).

Tabelle 6: Merkmale der blauen und roten Zone

Blaue Zone	Rote Zone
Zusammenarbeit	Konkurrenz
Gemeinsame Ausrichtung	Trennungen
Engagement	Schweigen
Selbstvertrauen	Furchtsamkeit
Risikobereitschaft	Risikoaversion
Schnelles Feedback	Langsames und gefiltertes Feedback
Erneuerung & Widerstandsfähigkeit	Burn-out
Bewältigbarer Stress	Lähmender Stress
Selbstwirksamkeit	Selbstsabotage
Initiative und Einfallsreichtum	Gelernte Hilflosigkeit
Kreativität	Konformität

Während eines Sommers, als ich noch Student war, nahm ich die Einladung meines Freundes Joe Huston an, auf einer Ranch für Tafeltraubenanbau im San Joaquin Valley in Kalifornien zu arbeiten. Mir war nicht klar, dass ich mich in eine blaue Zone begab. Wir arbeiteten zehn Stunden am Tag in der heißen Sonne außerhalb der Kleinstadt Arvin unter der Aufsicht von Joes Vater, Boom Huston, dem Geschäftsführer von El Rancho Farms, einem großen Betrieb mit Verpackungsanlage und Kühllager. Die Studierenden arbeiteten zusammen mit den Wanderarbeitern in einer integrierten Mannschaft. Es gab keine willkürlichen Unterscheidungen zwischen uns. Wir hatten dieselbe Arbeit, dieselben Arbeitszeiten und denselben Lohn. Der einzige wirkliche Unterschied war das Mittagessen. Ihr Carne Asada, ihre Tortillas und ihre Salsa waren besser als alles, was ich aus meiner braunen Tasche holte.

Zuerst dachte ich, es sei einfach eine Frage der beruflichen Verpflichtung, dass Boom uns alle mit dem gleichen Respekt behandelte, aber es ging darüber hinaus. Er veranstaltete ein Grillfest für die Arbeiter bei sich zu Hause, zu dem alle eingeladen waren, und auch hier gab es keine willkürlichen Unterscheidungen irgendeiner Art.[2] Es gab keine Vorzugsbehandlung, sondern nur gleiche Wertschätzung. Die Folge dieses egalitären Ethos waren hoch engagierte Mitarbeitende, die bereit waren, ihre freiwillig erbrachten Bemühungen voll einzubringen.

Schlüsselfrage: Respektieren Sie nur Leistungsträger und Hochgebildete, oder erkennen Sie an, dass Erkenntnisse und Antworten auch von den Menschen kommen können, von denen man es am wenigsten erwartet?

Ich habe noch nie Menschen gesehen, die so hart arbeiten und so viel lächeln. Das von Boom geschaffene Arbeitsumfeld bestätigte ihren gleichberechtigten Status mit den anderen Arbeitnehmern, unabhängig vom sozioökonomischen

Hintergrund. Alle Arbeiter wurden geduldig ermutigt, sich die Fähigkeiten anzueignen, die sie brauchten, um eine Arbeit zu erledigen, ohne Angst vor einer herabsetzenden Reaktion. Und schließlich gewährte man ihnen Autonomie für ihre Ergebnisse. Boom legte hohe Maßstäbe an und sorgte für einen sauberen und organisierten Betrieb, ohne jedoch unnötiges Mikromanagement zu betreiben. Die von ihm geschaffene Sicherheit des Beitragens beflügelte unsere Leistung. Die Studierenden verloren ihre Vorurteile und die Wanderarbeiter hatten das Gefühl, dass sie keine Bürger zweiter Klasse waren. Unsere Arbeitsbeziehung bestand auf Augenhöhe.[3]

Jetzt sagen Sie sich vielleicht: „Das ist ja nett. Alle haben hart gearbeitet und gute Leistungen erbracht, weil Boom ihnen ein gutes Gefühl gegeben hat." Wenn das die einzige Erkenntnis wäre, hätten Sie die andere Hälfte der Gleichung übersehen. Boom steigerte die Leistung in Bezug auf den reinen Output, aber er tat noch mehr als das. Er säte eine postindustrielle Denkweise in ein vorindustrielles landwirtschaftliches Umfeld. Boom war der Sohn von Eltern, die nie die achte Klasse abgeschlossen hatten, in einem Ford Model A nach Kalifornien auswanderten und sich in Salinas niederließen. Er wuchs als Arbeiter im Zuckermelonenanbau auf und trat im Alter von 13 Jahren der Gewerkschaft United Packinghouse Workers bei und schuf aus einem tief verinnerlichten Sinn für Gerechtigkeit und Gleichheit eine blaue Zone.

Die von ihm geschaffene blaue Zone beseitigte die Angst und ermöglichte es den Menschen, konstruktives Feedback zu geben und zu erhalten. Die Zusammenarbeit beruhte darauf, dass man sagte, was man dachte, statt im Stillen miteinander zu konkurrieren.[4] Diese Atmosphäre ermutigte die Menschen, ihre Meinung zu sagen, um Klärung zu bitten, sogar über Fehler zu sprechen.[5] Sie sehen, es braucht nur ein wenig Angst, um ein angstbesetztes Team zu schaffen.

> **Schlüsselprinzip:** Angstgeplagte Teams geben Ihnen ihre Hände, etwas von ihrem Kopf und nichts von ihrem Herzen.

In einer Atmosphäre der Angst werden Menschen zu pflichtbewussten Ja-Sagern und Ja-Sagerinnen. Die Vergangenheit wirkt so stark in der Gegenwart hinein, dass die „Tyrannei der Gewohnheit" die menschliche Leistung behindert, wie John Stuart Mill während der industriellen Revolution in England feststellte. Klingt das übertrieben? Warum berichtet dann Gallup weiterhin, dass 85 Prozent der Arbeitnehmer weltweit „bei der Arbeit nicht den vollen Einsatz bringen oder innerlich gekündigt haben", was zu einem weltweiten Abwärtstrend bei der Produktivität am Arbeitsplatz führt?[6] Warum starten wir in unseren Unternehmen ständig Kampagnen gegen Belästigung? Wir haben also noch einiges zu tun.

> **Schlüsselfrage:** Geben Sie irgendwelche nonverbalen Signale, die andere unausgesprochen ausgrenzen und eine rote Zone schaffen könnten?

Nach meiner Erfahrung im kalifornischen Central Valley bin ich zu der Überzeugung gelangt, dass die meisten Menschen ihre freiwillig erbrachten Bemühungen einbringen, wenn sie in einem Klima der Sicherheit des Beitragens arbeiten können. Wenn man ihnen die Chance gibt, werden sie im Gegenzug für Autonomie, Anleitung und Unterstützung hervorragende Ergebnisse erzielen.

> **Schlüsselfragen:** Wann haben Sie in einer blauen Zone gearbeitet? Wann haben Sie in einer roten Zone gearbeitet? Wie würden Sie Ihre Motivation in jedem Fall beschreiben?

Jeder Mensch reguliert seine freiwillig erbrachten Bemühungen, und der innere Regler, den wir dabei benutzen, reagiert sehr empfindlich auf die Art und Weise, wie andere uns behandeln. Einmal ging ich mit meinem Sohn zum Arzt. Dieser Arzt war ein angesehener Spezialist. Er betrat den Raum, nahm keinen Blickkontakt mit uns auf, sagte nicht einmal Hallo und hob seinen Blick nicht von seinem Klemmbrett. „Ok, wo liegt das Problem?“, fragte er. Schnell untersuchte er meinen Sohn und stellte ein Rezept aus. Und dann war er wieder weg. Als wir die Praxis verließen, wandte sich mein Sohn zu mir und sagte: „Papa, das ist ein schrecklicher Arzt und ich will nie wieder zu ihm gehen.“ Wie sich herausstellte, waren seine Diagnose und Behandlung richtig. Er war ein kompetenter Arzt. Aber das ist nicht alles, was man von ihm erwartet. Was hat mein Sohn beobachtet? Er beobachtete die menschliche Interaktion. Warum reagierte er so allergisch auf diesen Arzt? Die Fähigkeiten des Arztes waren erstklassig, aber sein Auftreten war entweder distanziert oder gleichgültig.

Falls Sie versucht sein sollten, mein letztes Beispiel einfach als Ausdruck einer introvertierten Persönlichkeit abzutun, die wir manchmal als Entschuldigung für uns selbst benutzen, betrachten Sie zwei Präsidenten der Vereinigten Staaten – George Washington und Abraham Lincoln. Sie waren nach allgemeiner Einschätzung hervorragende Führungspersönlichkeiten, die die Geschichte der Welt verändert haben. Aber wenn wir genauer hinsehen, erkennen wir, dass sie in ihrem Grundtemperament und ihrer Veranlagung meilenweit voneinander entfernt waren. Washington hatte eine souveräne Ausstrahlung und war dennoch ein unbeholfener Redner. Lincoln hingegen hatte eine unbeholfene Ausstrahlung und war ein souveräner Redner. Washington war stattlich, würdevoll, formell, distanziert, ruhig und zurückhaltend. Lincoln war ungezwungen und sympathisch und lockerte die Stimmung mit Witzen, Humor und Erzählungen auf. Doch trotz ihrer großen Unterschiede in der Persönlichkeit gewährleisteten sie die Sicherheit des Beitragens. Sie hatten beide die Fähigkeit, die besten Leute zu rekrutieren und sie zu Höchstleistungen anzuspornen, selbst wenn diese Leute voller Neid und Missgunst ihnen gegenüber waren.

Lassen Sie mich diesen Punkt wiederholen: Entbinden Sie sich nicht von der Verpflichtung, für die Sicherheit des Beitragens zu sorgen, nur weil Sie glauben, dass Sie nicht über bestimmte persönliche Fähigkeiten verfügen. In der Highschool hatte ich einen Englischlehrer, Mr. Westergard, den ich für einen eher strengen Mann hielt. Er hat nie viel gesagt, und doch konnte ich spüren, dass er mich respektierte. Mein Rat wäre, Extreme zu vermeiden. Wenn Sie sich wie Spock verhalten, werden die Leute nicht merken, dass sie Ihnen wichtig sind. Wenn Sie überschwänglich sind, kann der emotionale Ausdruck ermüdend sein. In jeder Situation müssen wir unsere emotionale Intelligenz einsetzen, indem wir unsere Interaktionen mit Gelassenheit steuern. Im vierten Jahrhundert v. Chr. lehrte uns Aristoteles, wie wichtig diese Gelassenheit und Mäßigung ist. „Emotionen kann man sowohl zu viel als auch zu wenig empfinden, beides ist nicht hilfreich. Wir sollten sie zur richtigen Zeit, in Bezug auf die richtigen Anliegen, gegenüber den richtigen Menschen, mit dem richtigen Motiv und auf die richtige Weise empfinden."[7] Sei du selbst. Sei aber dein bestes Selbst.

Schlüsselfrage: Haben Sie eine klare Vorstellung davon, wie Ihr Auftreten und Ihr Verhalten von anderen wahrgenommen werden? Selbst wenn Sie das glauben, bitten Sie fünf Personen, die Sie gut kennen, diese Frage zu beantworten.

Sind Sie emotional vorbereitet, die Sicherheit des Beitragens zu schaffen?

Bei einer Gelegenheit habe ich eine Einstellung vorgenommen, bei der ich mich auf das Charisma der Person verließ: Ich verwechselte rhetorisches Talent und Effekthascherei mit Führungsqualitäten. Ich habe den Preis dafür bezahlt. Es lief folgendermaßen ab: Ich musste einen Vertriebsleiter entlassen und suchte nach einem Ersatz. Zu mir kam eine sehr erfahrene, geschliffene und äußerst beeindruckende Kandidatin. Sie war ein Superstar in Sachen Ausbildung, Elan und Erfolgsbilanz – alles, was normalerweise auf sicheren Erfolg hindeutet. Obendrein hatte sie Charisma – diese unbeschreibliche Eigenschaft, die so gefährlich sein kann, weil sie eher auf Stil und weniger auf Substanz beruht. Sie kann selbst erfahrene Führungskräfte davon abhalten, schwierige Fragen zum Hintergrund, zur Erfahrung und zu den Qualifikationen einer Person zu stellen, sodass aus der gebotenen Sorgfalt Nachlässigkeit wird. In diesem Fall wurde ich absichtlich blind. Diese Person hatte eine so souveräne Ausstrahlung und war so überzeugend in ihrer Behauptung, sie könne den Umsatz in zwei Jahren verdoppeln, dass ich mich darauf einließ und die nächsten 18 Monate damit verbrachte, es zu bereuen.

Einen Monat, nachdem ich sie befördert hatte, kehrte ich in das Büro zurück, in dem sie mit ihrem Team arbeitete. Im Büro herrschte eine eisige Atmosphäre. Meine Mitarbeitenden waren still, bewegten sich in Zeitlupe und trugen ein aufgesetztes Lächeln. Was um alles in der Welt war innerhalb von 30 Tagen geschehen? Ich begann, die Leute beiseitezunehmen, um es herauszufinden. Wie einer der Mitarbeitenden es ausdrückte: „Die Schreckensherrschaft hat begonnen.“ Obwohl diese neue Führungskraft unglaublich talentiert war, war sie bedauerlicherweise emotional nicht darauf vorbereitet, die Sicherheit des Beitragens zu gewährleisten. Egal ob Sie eine Führungsrolle oder eine Rolle als einzelner Mitarbeiter innehaben, Sie tragen die Verantwortung dafür, im Team die Sicherheit des Beitragens zu gewährleisten. Fragen Sie sich, ob Sie emotional darauf vorbereitet sind.

> **Schlüsselfrage:** Können Sie sich aufrichtig über den Erfolg anderer freuen?

Die Frage, die Sie sich stellen sollten, lautet: Warum sollte jemand von Ihnen geführt werden wollen? Sie können immer den Vertrag auf den Tisch legen und darauf hinweisen, dass es Teil der Abmachung ist, Mitglied dieser Familie, dieses Teams, dieser Boxenmannschaft, dieses SWOT-Teams oder dieser Bühnencrew zu sein. Wenn Sie diese Karte ziehen, geben Sie zu, dass Sie nicht in der Lage sind, zu motivieren und freiwillig erbrachte Bemühungen anzuregen. Wie kann man freiwilliges Engagement hervorbringen? Wie bringt man Menschen dazu, etwas leisten zu wollen? Diese Frage stellen wir uns schon seit Jahrtausenden, und wir wissen zumindest eines: Die Menschen brauchen die Sicherheit des Beitragens.

Ich habe viele Fälle gesehen, in denen eine beängstigende und grausame Umgebung die Menschen zu harter Arbeit angetrieben hat. Aber welche Art von Arbeit ist das? Geistlose Arbeit, von Ressentiments belastete Arbeit, unproduktive Arbeit. Und für wie lange? Ich habe noch nie erlebt, dass ein toxisches Arbeitsumfeld hohe Leistungen hervorbringt und diese über längere Zeit aufrechterhält. In einem toxischen Arbeitsumfeld sind die Mitarbeitenden so stark durch persönliche Vorteile motiviert, dass sie sich auf gemeine Kommentare, unethisches Verhalten, Beleidigungen und Mobbing einlassen.

> **Schlüsselprinzip:** Ein toxisches Umfeld bremst die Leistung, weil die Menschen sich erst um ihre psychologische Sicherheit und dann um ihre Leistung sorgen.

Wenn wir ein umsichtiges Risikomanagement betreiben, der Einzelne fähig ist und seinen Teil zum Arbeitsprozess beiträgt, sollten wir ihm so viel Autonomie wie möglich gewähren. Aber manchmal tun wir das nicht. Warum sollte jemand die Sicherheit des Beitragens verweigern?

Schlüsselfrage: Haben Sie jemals einem Mitarbeitenden die Sicherheit des Beitragens vorenthalten, obwohl er sie verdient hätte?

Denken Sie daran, dass die Sicherheit des Beitragens ein verdientes Privileg ist. Obwohl die Einzelne bereit ist, ihre Fähigkeiten, Kompetenzen und Erfahrungen einzubringen, verweigern wir ihr dies oft aus ungerechtfertigten Gründen, z. B. wegen der Arroganz oder Unsicherheit der Führungskraft, persönlicher oder institutioneller Voreingenommenheit, Vorurteilen oder Diskriminierung, vorherrschender Teamnormen, die mangelnde Sensibilität, fehlendes Einfühlungsvermögen oder Distanziertheit verstärken. Die Sicherheit des Beitragens entsteht, wenn der Einzelne seinen Beitrag leisten kann und die Führungskraft und die Teammitglieder in der Lage sind, ihr Ego zu kontrollieren.

Die eigene Beobachtungsgabe verbessern

Um die hohe Sicherheit des Beitragens zu fördern, die für eine blaue Zone erforderlich ist, müssen Sie die Mitglieder Ihres Teams kennenlernen. Das bedeutet, dass Sie Zeit mit ihnen verbringen, ihre individuellen Neigungen studieren und aufmerksam zuhören, was sie sagen. Wenn Sie lange genug zuhören, werden Ihnen die Mitarbeitenden Gedanken und Gefühle anvertrauen, die sie sonst verbergen würden.

Beobachten Sie Ihre Mitarbeitenden während der Arbeit und achten Sie darauf, wie sie ihren Beitrag leisten. Einige Ihrer Teammitglieder haben einen natürlichen Hang zur Zusammenarbeit. Sie blühen auf im Dialog. Sie genießen die Problemlösung als einen sozialen Prozess. Sie lieben scherzhafte Diskussionen und den Schlagabtausch mit unterschiedlichen Meinungen. Aber andere können solche hitzigen Gespräche nicht ausstehen. Sie neigen zur Problemlösung als inneren Prozess. Sie lieben es, Probleme zu dekonstruieren und über Lösungen nachzudenken, würden aber nicht daran denken, in einer Diskussion, um Redezeit zu kämpfen. Sie sind eher nachdenklich und zurückhaltend, verfügen aber dennoch über erstklassige Fähigkeiten des kritischen Denkens.

Wenn Sie als Führungskraft keine bessere Beobachtungsgabe entwickeln, wenn Sie nicht darauf achten, wie jeder auf soziale Signale reagiert, wenn Sie denken, dass Führung eine Show ist und Sie im Mittelpunkt stehen, dann könnte Ihre Insensibilität Ihrem Team einen tödlichen Schlag versetzen. Hier ist eine Möglichkeit, sich selbst mit einem schnellen Diagnostiktest zu überprüfen.

Schlüsselprinzip: Führungskräfte verbringen die meiste Zeit damit, etwas zu erforschen oder andere von etwas zu überzeugen.

Entweder versucht man, etwas herauszufinden, oder man versucht, andere davon zu überzeugen, dass man es herausgefunden hat. Darauf beschränkt sich weitgehend das Handeln von Führungskräften. Diese beiden Handlungen führen natürlich zu zwei verschiedenen Verhaltensmustern. Wenn Sie eine Untersuchung durchführen, wenn Sie versuchen, etwas herauszufinden, wenn Sie sich im Entdeckungsmodus befinden, was tun Sie dann, wenn Sie an einem Dialog oder einer Diskussion teilnehmen? Richtig, Sie stellen Fragen. Was tun Sie hingegen, wenn Sie sich für eine Sache einsetzen und versuchen, andere für Ihren Standpunkt zu gewinnen? Wieder richtig, Sie erzählen. Abbildung 9 zeigt das Kontinuum zwischen Erzählen und Fragen.

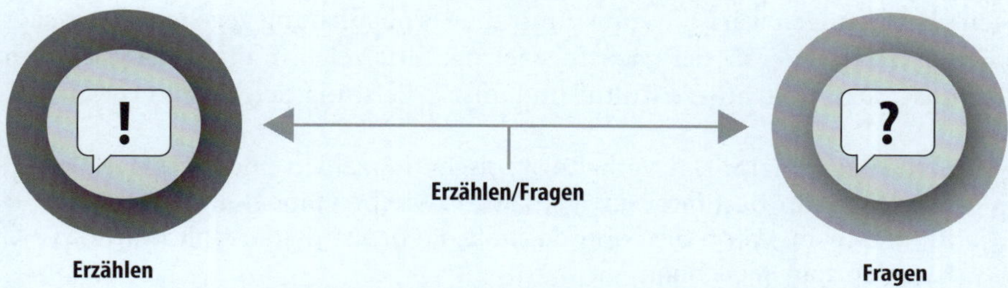

Abbildung 9: Erzählen und Fragen – entgegengesetzte Verhaltensweisen einer Führungskraft

Das Kontinuum vom Erzählen zum Fragen

Wie ist Ihr Verhältnis zwischen Erzählen und Fragen? Beobachten Sie sich einen Tag lang und finden Sie heraus, wie viel Zeit Sie mit Erzählen und wie viel mit Fragen verbringen. Ich habe schon an viel zu vielen Besprechungen teilgenommen, in denen der Chef jedem sagt, was er zu tun hat, und alle nicken höflich. Erzählen ist effizient, aber es versetzt die Zuhörerin schnell in einen passiven Modus und kann das Lernen verlangsamen. Die gesamte Kultur des College-Footballs ist durchdrungen von einer autoritären Denkweise des Erzählens. Beobachten Sie nur die Interaktionen zwischen Trainer und Spieler: Der Trainer redet und redet und redet, und die Spieler stehen da und nicken am Ende jedes Austauschs mit dem Kopf. Kein Wunder, dass es so lange dauert, einen Football-IQ zu entwickeln.

Über einen Zeitraum von vier Jahren verbrachte ich endlose Stunden im Training und bei Teambesprechungen, hörte den Trainern zu und sah mir Filme an. War es kollaborativ? War es ein echter Dialog? War es eine aktive intellektuelle Auseinandersetzung? Nicht im Entferntesten. Der Unterschied zwischen Signal und Rauschen (die Stärke des Signals im Vergleich zum Hintergrundrauschen) wird so gering, dass man als Spieler einfach nicht mehr zuhört. Die unaufhörliche Stimme des Trainers wird schließlich zum Teil des Rauschens. So lief es bei mir ab:

„Clark, sieh dir deinen Körperwinkel an. Du bist zu langsam von der Linie losgekommen. Ich weiß nicht, warum du deine Hand so hältst. Du musst tiefer anpacken und den Schwung deines Gegenspielers stoppen. Du musst die Haltung der Offensive Linemen beobachten. Achte darauf, wie viel Gewicht sie auf ihre Hände legen. Daran erkennst du, ob sie gleich loslaufen. Achte auf den ersten Schritt des Defensive Tackles. Was macht er? Er versucht, dich nach innen zu ziehen. Ihr wisst, dass sie fast in jeder Saison diesen Draw-Trap-Spielzug anwenden." Und so geht es weiter und weiter. Können Sie sich vorstellen, wie sich unser Spiel weiterentwickelt hätte, wenn meine Trainer vom Erzählen zum Fragen übergegangen wären, wenn sie mir die Fernbedienung gegeben und gesagt hätten: „Clark, hier ist der nächste Spielzug. Bitte zeig ihn uns. Analysiere ihn für uns"? Das hätte unsere Kultur und unsere Leistung tiefgreifend verändert.

Schlüsselprinzip: Das Verhältnis zwischen Erzählen und Fragen einer Führungskraft bestimmt das Verhältnis zwischen Signal und Rauschen für das Team. Wenn die Führungskraft die ganze Zeit erzählt, wird das Erzählen zum Rauschen.

Verstehen Sie, welches Risiko darin liegt? Einige der wunderbarsten, gutherzigsten Menschen, die ich kenne, stecken im Coaching-Kontinuum auf der Seite des Erzählens fest, und das ist die Wurzel vieler ihrer Probleme. Sie leiten Teams mit talentierten Menschen, sind aber nicht in der Lage, diese Talente zu befreien, weil sie ihre Mitarbeitenden ständig von ihrer Sicht der Dinge überzeugen wollen, was das Verhältnis von Signal und Rauschen senkt. Ihre Stimmen werden für ihre Zuhörer zu Nebengeräuschen. Wie ich bereits sagte, sind einige Teammitglieder bereit, sich auf diese Situation einzulassen und sich voll einzubringen, es macht ihnen sogar Spaß. Aber die ruhigen, nachdenklichen, introvertierten und oft brillanten Mitarbeitenden bleiben außen vor, weil das nicht ihr natürlicher Lebensraum ist.

Schlüsselfrage: Wie ist Ihr Verhältnis von Fragen und Erzählen?

Sorgfältig zuhören, zuletzt sprechen

Ich arbeitete einmal mit einer Gruppe von Führungskräften mit hohem Potenzial in einem Technologieunternehmen im Silicon Valley zusammen. Sie waren nominiert worden, an einem sechsmonatigen Führungsprogramm teilzunehmen, um ihre Entwicklung zu beschleunigen und sie auf weitere Aufgaben vorzubereiten. Das Team, mit dem ich arbeitete, musste virtuell zusammenarbeiten, da es aus Mitgliedern von fast allen Kontinenten bestand. Als krönender Abschluss der gemeinsamen Lernreise wurde ihnen die Aufgabe gestellt, dem Führungsteam des Unternehmens eine wichtige strategische Empfehlung zu unterbreiten. Schließlich kam der lang erwartete Tag, an dem das Team seine Empfehlung abgeben sollte. Die Mitglieder des Teams flogen einen Tag früher aus ihren jeweiligen Büros ein, um ihre Präsentation zu proben. Sie hatten an den Wochenenden gearbeitet und enorme persönliche Opfer gebracht, um an diesen Punkt zu gelangen, und nun waren sie bereit, ihre Präsentation zu halten.

Sie nutzten jede Sekunde der zugewiesenen dreißig Minuten, um eine gut recherchierte und ästhetisch gestaltete Präsentation zu halten. Die Tagesordnung sah vor, dass im Anschluss 30 Minuten lang Fragen gestellt werden konnten. Sichtlich erschöpft und dennoch zufrieden mit ihrer Leistung, wandten sie sich erwartungsvoll an das Führungsteam, um ein Feedback zu erhalten. Zum Erstaunen aller sprach zuerst der CEO. Mit monotoner Stimme und ohne sichtbare Emotionen sagte er sachlich, dass er den Vorschlag für gut halte, die Umsetzung aber zu viel Geld kosten würde. Er redete zehn Minuten lang über die Strategie und die Prioritäten des Unternehmens. Können Sie erraten, was dann geschah? Richtig! Nichts. Die anderen Führungskräfte gaben keinen Mucks von sich. Die Sitzung wurde nach der Predigt des CEO beendet, und das niedergeschlagene Team ging in einen benachbarten Konferenzraum, wo ich die nächste Stunde damit verbrachte, ihnen zu helfen, mit ihrem Ärger und ihrer Frustration umzugehen.

In der darauffolgenden Woche besprach ich mich mit mehreren Führungskräften und bat sie, dem Geschäftsführer mitzuteilen, dass es beim nächsten Mal besser wäre, wenn er als Letzter sprechen würde, nachdem die anderen Führungskräfte ihre Fragen gestellt und ihre Ansichten dargelegt hätten.

Schlüsselprinzip: Wer als Erster spricht, wenn er die Macht innehat, zensiert sein Team auf subtile Weise.

Kurze Zeit später erhielt ich die Rückmeldung, dass die Rückmeldung tatsächlich an den CEO übermittelt worden war. Nun, die Geschichte ist damit noch nicht zu Ende. Im folgenden Jahr führten wir das gleiche Programm durch. Das neue Team erhielt den gleichen Auftrag. Die Leute investierten ähnlich viel Zeit und Mühe und trafen am vereinbarten Tag ein, um ihre Präsentation zu halten. Nach einer ähnlich gut durchdachten und ausgearbeiteten Präsentation tat der Geschäftsführer genau das Gleiche. Er ließ sie in den ersten fünf Minuten der Frage-Antwort-Runde abblitzen. Er war nicht unhöflich oder gemein in dem, was er sagte, oder in der Art, wie er es sagte. Aufgrund seiner Position brachte er den Prozess zu einem schnellen und unrühmlichen Ende. Er war begriffsstutzig, unsensibel und selbstverliebt.

Schlüsselfrage: Sind Sie emotional so weit entwickelt, dass Sie nicht davon abhängig sind, sich selbst reden zu hören?

Anderen helfen, über ihre Rollen hinauszudenken

Eine der wirkungsvollsten Maßnahmen, die Sie ergreifen können, um die Sicherheit des Beitragens zu fördern, besteht darin, die Teammitglieder darin zu unterstützen, über ihre jeweilige Rolle hinauszudenken. Sicherlich haben Sie schon erlebt, wie die Grenzen der eigenen Rolle das Denken auf die eigene Rolle beschränken. Wir werden eingeengt und isoliert in unseren Perspektiven, anstatt in unserem Heißluftballon aufzusteigen, um das Ganze zu sehen und zu erkennen, wie die Teile zusammenpassen.

Wenn Menschen neu in ein Unternehmen kommen, treten sie normalerweise einem Team bei, das Teil einer Funktion oder Abteilung ist. Und als Erstes lernen sie, grundlegende Aufgaben auszuführen, die mit ihrer spezifischen Rolle zusammenhängen. Wenn ich im Marketing bin, lerne ich vielleicht, wie man eine Google-Werbekampagne startet; wenn ich in der Buchhaltung bin, lerne ich vielleicht, wie man das Inventar abgleicht; wenn ich im Einkauf bin, lerne ich vielleicht, wie man einen neuen potenziellen Lieferanten prüft; wenn ich in der Technik bin, lerne ich vielleicht, wie man einen Code schreibt, um unsere Anwendung besser an mobile Geräte anzupassen; wenn ich im Vertrieb bin, lerne ich vielleicht, wie man eine Produktvorführung erstellt. Sie verstehen, was ich meine. Der Punkt ist, dass die meisten von uns in Organisationen mit einer aufgabenbezogenen, einseitigen Denkweise aufwachsen. Wir erfüllen unsere Aufgaben und werden gut in dem, was wir tun.

Aber insbesondere in hochdynamischen Umgebungen benötigt das Team in zunehmendem Maße unseren Beitrag in unseren Rollen *und* unser Denken über unsere Rollen hinaus. Was ist dafür erforderlich? Die Voraussetzung dafür ist, dass wir sowohl die Fähigkeit als auch den Willen entwickeln, einen größeren Beitrag zu leisten. Der Aspekt der Fähigkeiten spielt sich normalerweise folgendermaßen ab: Eines Tages klopft Ihnen die Organisation auf die Schulter und sagt: „Hey, du musst strategisch denken. Los, formuliere eine Strategie!" Und Sie sagen: „Das klingt großartig. Aber wie soll ich das machen?"

„Ich bin mir nicht sicher, aber tu es", ist die Antwort.

Kommt Ihnen das bekannt vor? Dieses Szenario wiederholt sich immer wieder in Organisationen. Lassen Sie uns tiefer schauen. Um über Ihre Rolle hinaus zu denken, brauchen Sie sowohl das Können als auch den Willen. Ich hätte sagen sollen: Wille und Können. Die Reihenfolge ist wichtig. Erleben Sie, dass Menschen versuchen, über ihre Rolle hinauszudenken und einen größeren Beitrag zu leisten, wenn sie sich nicht sicher und selbstbewusst genug fühlen, es zumindest zu versuchen?

> **Schlüsselprinzip:** Bevor Menschen aus ihren einseitigen und funktionalen Silos heraustreten und strategisch denken können, müssen sie durch die Sicherheit des Beitragens dazu befreit werden.

Ich arbeitete einmal mit einem dem stellvertretenden Leiter der Beschaffungsabteilung eines Fortune-500-Unternehmens zusammen. Er herrschte über seine Mitarbeitenden, als wäre er der Erbmonarch und sie wären Bauern. In einer Sitzung tadelte er seine Mitarbeitenden, weil sie nicht strategischer über die allgemeine Einkaufsstrategie des Unternehmens nachdachten, inklusive der Notwendigkeit, die Liste der zugelassenen Lieferanten zu verkleinern. Er verlangte von ihnen, über ihre Aufgaben hinauszudenken und einen größeren Beitrag zu leisten, ohne sie dabei zu unterstützen. Er hatte einige Mitarbeiter mit unglaublichem Potenzial. Als ich ein Jahr später wiederkam, hatte er immer noch einige Mitarbeiter mit unglaublichem Potenzial.

Anderen zu helfen, über ihre Rolle hinauszudenken, beginnt mit einer Gelegenheit und einer direkten Einladung. In unserem Unternehmen laden wir das Software-Entwicklungsteam ein, über unsere Marketingstrategie nachzudenken. Wir laden den Vertrieb ein, über die Softwareentwicklung nachzudenken. Wir verbringen nicht jeden Tag Zeit damit, aber wir fordern jeden Mitarbeitenden ganz bewusst dazu auf, über seine Rolle hinauszudenken.

> **Schlüsselprinzip:** Die Einladung, über die eigene Rolle hinauszudenken, drückt mehr Respekt für den Einzelnen aus und erlaubt es ihm, einen größeren Beitrag zu leisten.

Wichtig dabei ist, wie man diese Einladung ausspricht. Die Mitarbeitenden müssen sich weiterhin auf ihre Hauptaufgaben konzentrieren. Ich habe erlebt, dass sich einige Führungskräfte zu einem grenzenlosen Sinn für Zusammenarbeit hinreißen ließen, was zu einem Chaos führte. Überlegen Sie sich, welche Themen oder Herausforderungen Sie angehen wollen, und laden Sie gezielt dazu ein, diese Themen anzusprechen. Sprechen Sie dann eine kontinuierliche Einladung für Ideen und Vorschläge zu allen Aspekten der Leistungsfähigkeit aus, wobei Sie auch klar kommunizieren, dass diese Anregungen immer gehört, aber nicht immer beachtet werden.

Um zu verhindern, dass ein Team ins Chaos abrutscht, muss die Führungskraft wissen, wann konstruktiver Meinungsaustausch in destruktive Entgleisung umschlägt.

> **Schlüsselprinzip:** Es ist die Aufgabe der Führungskraft, den Unterschied zwischen Meinungsaustausch und Chaos zu erkennen und die Grenze zwischen beiden zu gestalten.

Es ist eine Sache, anderer Meinung zu sein oder einen alternativen Standpunkt zu vertreten, mit der Bereitschaft, einen größeren Beitrag zu leisten, und einem Bewusstsein dafür, wo das Team steht und ob die Alternative machbar ist. Aber es ist etwas ganz anderes, eine andere Meinung in einer Weise zu äußern, die die Arbeitsmoral des Teams stört und der allgemeinen Entwicklung des Unternehmens nicht zuträglich ist. Diejenigen, die konstruktiv widersprechen, werden von Selbstbewusstheit und reinen Absichten geleitet. Diejenigen, die destruktiv widersprechen, lassen sich von einer persönlichen Agenda und mangelndem Selbstbewusstheit leiten.

Schlussgedanken

Wenn Sie eine blaue Zone der Sicherheit des Beitragens fördern wollen, müssen Sie ein wirklich kooperatives Umfeld schaffen. Wenn Ihr Führungsstil unsensibel, Ihre Kommunikation belehrend und Ihr Ego empfindlich ist, werden Sie jedes Pflänzchen der Sicherheit des Beitragens, das zu sprießen beginnt, vernichten. Denken Sie daran, dass Sie den Ton für die Arbeitsweise Ihres Teams angeben. Wenn Sie nicht allein durch Ihre Position, sondern durch Einflussnahme führen, was bei den meisten von uns der Fall ist, dann können Sie auf dieselbe Weise die Sicherheit des Beitragens schaffen.

Die Sicherheit des Beitragens in Ihrem Team zeigt sich in der Einladung, einen Beitrag zu leisten, die Sie jedem Einzelnen aussprechen, damit er oder sie aktiv werden kann. Darin zeigt sich Ihre Kultur und die DNA Ihrer Arbeitsweise. Es geht darum, wie Sie geben und nehmen, inspirieren und einladen, reden und zuhören, fragen und antworten, agieren und reagieren, analysieren und lösen. Denken Sie daran: Die Menschen wollen mitspielen!

Schlüsselprinzipien

- Abgesehen von denjenigen, die durch Furcht oder Angst gelähmt sind, haben die Menschen einen tiefen und unablässigen Drang, am Spiel teilzunehmen.
- Die Vorbereitung auf die Leistung schafft den Wunsch, Leistung zu erbringen.
- Unternehmen ermöglichen nur zwei Prozesse – Ausführung und Innovation. Ausführung ist die Schaffung und Lieferung von Werten in der Gegenwart, während Innovation die Schaffung und Lieferung von Werten in der Zukunft ist.
- Offensive Innovation ist eine Reaktion auf Möglichkeit, während defensive Innovation eine Reaktion auf eine Bedrohung oder Krise ist.
- Wenn eine äußere Bedrohung den Status quo infrage stellt, wird die natürliche Angst, den Status quo infrage zu stellen, durch den Überlebensinstinkt ersetzt.

- Wenn Sie kompetent und bereit sind, Verantwortung zu übernehmen, sind Sie bereit, die Sicherheit des Beitragens zu erhalten.
- Der Austausch von gelenkter Autonomie gegen Ergebnisse ist die Grundlage der Leistung.
- Angstgeplagte Teams geben Ihnen ihre Hände, etwas von ihrem Kopf und nichts von ihrem Herzen.
- Ein toxisches Umfeld bremst die Leistung, weil die Menschen sich erst um ihre psychologische Sicherheit und dann um ihre Leistung sorgen.
- Führungskräfte verbringen die meiste Zeit damit, etwas zu erforschen oder andere von etwas zu überzeugen.
- Das Verhältnis zwischen Erzählen und Fragen einer Führungskraft bestimmt das Verhältnis zwischen Signal und Rauschen für das Team. Wenn die Führungskraft die ganze Zeit erzählt, wird das Erzählen zum Rauschen.
- Wer als Erster spricht, wenn er die Macht innehat, zensiert sein Team auf subtile Weise.
- Bevor Menschen aus ihren einseitigen und funktionalen Silos heraustreten und strategisch denken können, müssen sie durch die Sicherheit des Beitragens dazu befreit werden.
- Die Einladung, über die eigene Rolle hinaus zu denken, drückt mehr Respekt für den Einzelnen aus und erlaubt es ihm, einen größeren Beitrag zu leisten.
- Es ist die Aufgabe der Führungskraft, den Unterschied zwischen Meinungsaustausch und Chaos zu erkennen und die Grenze zwischen beiden zu verwalten.

Schlüsselfragen

- Haben Sie jemals eine Bedrohung von außen erlebt, die Ihnen die Angst genommen hat, den Status quo infrage zu stellen?
- Haben Sie jemals einem Mitarbeitenden zu schnell die Sicherheit des Beitragens gewährt, obwohl er entweder nicht über die nötigen Fähigkeiten verfügte oder nicht bereit war, die Verantwortung für die Ergebnisse zu übernehmen?
- Welche Ergebnisse werden von Ihnen auf der Grundlage des Austauschs von gelenkter Autonomie gegen Ergebnisse erwartet?
- Respektieren Sie nur Leistungsträger und Hochgebildete, oder erkennen Sie an, dass Erkenntnisse und Antworten auch von den Menschen kommen können, von denen man es am wenigsten erwartet?
- Geben Sie irgendwelche nonverbalen Signale, die andere unausgesprochen ausgrenzen und eine rote Zone schaffen könnten?
- Wann haben Sie in einer blauen Zone gearbeitet? Wann haben Sie in einer roten Zone gearbeitet? Wie würden Sie Ihre Motivation in jedem Fall beschreiben?

- Haben Sie eine klare Vorstellung davon, wie Ihr Auftreten und Ihr Verhalten von anderen wahrgenommen werden? Selbst wenn Sie das glauben, bitten Sie fünf Personen, die Sie gut kennen, diese Frage zu beantworten.
- Können Sie sich aufrichtig über den Erfolg anderer freuen?
- Haben Sie jemals einem Mitarbeitenden die Sicherheit des Beitragens vorenthalten, obwohl er sie verdient hätte?
- Wie ist Ihr Verhältnis von Fragen und Erzählen?
- Sind Sie emotional so weit entwickelt, dass Sie nicht davon abhängig sind, sich selbst reden zu hören?

Stufe 4
Die Sicherheit des Herausforderns

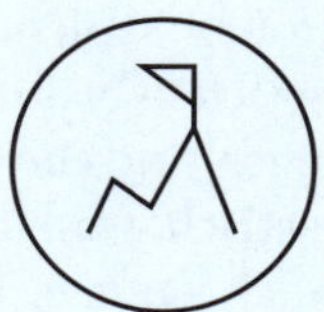

Jede Gesellschaft hat ihre Bewahrer des Status quo und die Gleichgültigen, die dafür berüchtigt sind, Revolutionen zu verschlafen. Heute hängt unser Überleben von unserer Fähigkeit ab, wach zu bleiben, sich auf neue Ideen einzustellen, aufmerksam zu sein und sich der Herausforderung des Wandels zu stellen.

– Martin Luther King Jr.

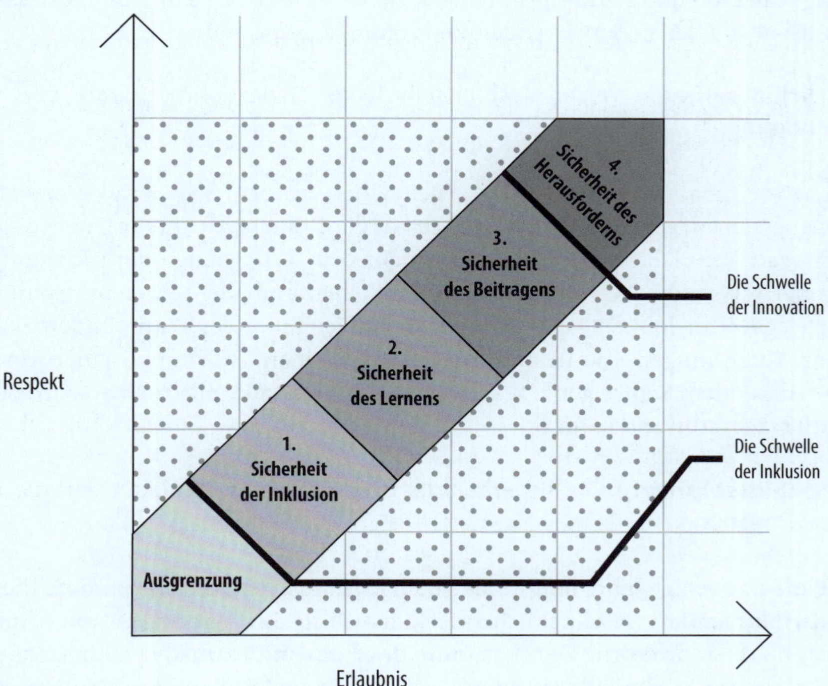

Abbildung 10: Die letzte Stufe auf dem Weg zu Inklusion und Innovation

Die Neuroplastizität von Teams

Hirnforscher dachten früher, dass die Schaltkreise des Gehirns starr seien. Inzwischen haben sie gelernt, dass die hundert Milliarden Neuronen und hundert Billionen Verbindungen zwischen diesen Neuronen unglaublich flexibel funktionieren. Das Gehirn ist plastisch und kann sich selbst neu vernetzen. Ein Team ist nichts weniger als ein großes Gehirn. Allerdings finden die Synapsen zwischen Menschen und nicht zwischen Neuronen statt. Die Geschwindigkeit oder die Muster dieser Verbindungen sind ebenfalls nicht statisch oder fest vernetzt. Teams sind erstaunlich plastisch, weshalb wir die natürliche Leistungsfähigkeit eines Teams nicht wirklich kennen. Wir wissen nur, dass Teams uns überraschen können, denn der menschliche Einfallsreichtum einer bestimmten Gruppe von Menschen ist unbekannt und nicht vorhersehbar. Mehr als alles andere spiegelt die Plastizität eines Teams das Verhalten der Führungskraft wider, welche die Vernetzung innerhalb des Teams vorlebt und gestaltet. Unterdrückt die Führungskraft abweichende Meinungen, schrecken die Menschen zurück, so wie Rehe auf plötzliche Bewegungen reagieren. Wenn die Führende abweichende Meinungen zulässt, stärkt sie die Fähigkeit des Teams, Innovationen zu entwickeln. Insgesamt verfügt das Team über Sinnesorgane, die auf die Umgebung reagieren und sich aufgrund der sozialen, emotionalen und intellektuellen Verarbeitung der sie umgebenden Bedingungen anpassen.

Schlüsselfrage: Welche Muster hat Ihr Team von der Führungskraft übernommen?

Ich habe einmal mit einem CEO gearbeitet, dessen Team Schwierigkeiten hatte, angemessen auf schnelle Veränderungen in der Branche zu antworten. Er sagte, sein Team sei nicht intelligent genug, nicht neugierig genug oder nicht unternehmerisch genug. Als seine Amygdala die Oberhand über seinen präfrontalen Kortex gewann, handelte er aus Frustration. Der Tenor des Teams änderte sich. Seine Bemühungen, die Innovation voranzutreiben, führten zu einer Mauer aus lähmendem Schweigen. Da die Angst die Neugierde auslöschte, wurde das Team träge, stur und langsam.

Schlüsselprinzip: Die Sicherheit des Herausforderns demokratisiert die Innovation.

Nachdem er einige Jahre lang keine guten Ergebnisse erzielt hatte, wurde dieser Feudalherr entlassen. Glücklicherweise hatte ich das Vergnügen, mit seinem Nachfolger zu arbeiten. Die Anatomie des Führungsteams hat sich nicht geändert, aber das Umfeld veränderte sich. Die neue Führungskraft führte eine neue soziale Technologie ein – namentlich die Sicherheit des Herausforderns. Er verschaffte sich Respekt und Erlaubnis in erstaunlichem Maße. Er baute die kulturellen Eintrittsbarrieren ab. Das Team war anfangs etwas nervös, aber dann entstand eine Welle nie dagewesener Produktivität. Der Mensch ist dafür geschaffen, auf Freundlichkeit und Einfühlungsvermögen zu reagieren.[1] Sie reagierten darauf mit einer Verbesserung nach der anderen, einer Innovation nach der anderen. Der neue CEO regenerierte das neurologische System des Teams. Die Geschwindigkeit der Informationen nahm zu. Der ko-kreative Prozess wurde lebendig. Die Anpassungsfähigkeit zeigte sich. Er führte das Team in intellektuelle Höhen, die es bis dahin nicht kannte. Als Einheit wurden sie kunstvoller und sportlicher, disziplinierter und anspruchsvoller, und schließlich viel selbstbewusster und selbstsicherer.

Schlüsselprinzip: Wenn es um Innovation geht, erhöht Verbundenheit die Produktivität.

Die Veränderungen im Input brachten Veränderungen im Output. Hier kam es zu Einsichten, Verbindungen, Assoziationen, Ideen, unerwarteten Erkenntnissprüngen und Aha-Momenten. Das ist das Versprechen der Sicherheit des Herausforderns. Sie können das Gleiche tun wie diese Führungskraft, wenn Sie den Dialog fördern und Meinungsverschiedenheiten auf dem Weg dorthin emotional tolerieren. Da Menschen innerhalb eines kulturellen Kontextes kreativ sind, ist es die Aufgabe der Führungskraft, den kreativen Impuls in diesem Kontext freizusetzen.[2]

Jetzt kommt die Kehrseite der Medaille: Obwohl das Gehirn plastisch ist, neigt es zur Starrheit. Das gilt auch für Teams, was bedeutet, dass die Vergangenheit in der Gegenwart wirksam bleibt. Die frühen Sozialisationsmuster und ursprünglichen Normen sind in der Regel unglaublich hartnäckig und schwer zu verändern.

Schlüsselprinzip: Ein Team von Anfang an mit der Sicherheit des Herausforderns zu sozialisieren, ist immer einfacher, als ein Team später neu zu sozialisieren.

Der organisationale Wandel ist ein Prozess, der drei verschiedene Ebenen umfasst – die technische, die verhaltensbezogene und die kulturelle Ebene. Oft beginnen wir damit, alle drei Ebenen gleichzeitig zu verändern, aber jede Ebene verändert sich in einem anderen Tempo. Die erste ist die strukturelle, nichtmenschliche Ebene, die Ebene der Artefakte. Dazu gehören Systeme, Prozesse, Strukturen, Rollen, Zuständigkeiten, Richtlinien, Verfahren sowie Werkzeuge und Technologien. Diese Dinge stellen konfigurierbare Teile dar und können mit Geld und Befugnissen relativ schnell geändert werden. Auf der Verhaltensebene ändern wir die Art und Weise, wie sich die Menschen verhalten, wenn sie auf neue Weise mit der technischen Ebene und miteinander interagieren. Aber nur weil die Menschen sich anders verhalten, heißt das nicht, dass sie das auch wollen oder dass sie die neuen Wege weitergehen würden, wenn sie die Wahl hätten. Wenn Artefakte das Verhalten aufrechterhalten, fungieren sie als Gerüst, und sobald das Gerüst entfernt wird, kehrt das Verhalten zu früheren Mustern zurück – es sei denn, es gibt Veränderungen auf der kulturellen Ebene. Diese Tendenz zum Rückfall nennen wir eine Regression zum Mittelmaß. Die dritte Ebene der Veränderung ist die unsichtbare Ebene, die aus Werten, Überzeugungen und Annahmen besteht.

Schlüsselfrage: Fällt Ihnen eine Veränderung ein, die Sie begonnen, aber nicht zu Ende gebracht haben, weil Sie wieder in Ihr ursprüngliches Verhalten zurückgefallen sind?

In allen sozialen Einheiten ist die kulturelle Ebene am schwierigsten zu verändern, und die Veränderung dauert besonders lange. Sie ist ein Indikator dafür, wie weit die Veränderung fortgeschritten ist. Sie können Veränderungen durchsetzen und die Menschen dazu bringen, sie zu befolgen. Wenn der Chefarzt eines Krankenhauses zuschaut, werden sich die Ärzte und Pflegekräfte die Hände waschen und desinfizieren, um das Risiko einer nosokomialen Infektion zu verringern. Ist der Chefarzt jedoch nicht anwesend, sinkt der Grad der Einhaltung dieser Regel sofort. Warum? Weil ihnen die intrinsische Motivation fehlt. Sie kehren zu ihren starren Mustern zurück.

Mit dem Verhalten von Teams verhält es sich ähnlich. Das Problem bei der Sicherheit des Herausforderns besteht darin, dass man die Menschen nicht nur auffordert, ihr Verhalten zu ändern, sondern dies auch noch in einem Umfeld mit größeren persönlichen Risiken zu tun.

Die Bühne der Tapferen

Die höchste Stufe der psychologischen Sicherheit ist der Ort, an dem sich Respekt und Erlaubnis auf höchstem Niveau überschneiden – eine extrem kreative Zone, die der Erforschung und dem Experimentieren gewidmet ist. Der Übergang von der Sicherheit des Beitragens zur Sicherheit des Herausforderns erfordert das Überschreiten der „Schwelle der Innovation" – ein Ort, an dem das höchstmögliche Maß an psychologischer Sicherheit dort möglich wird, wo normalerweise die größte Angst herrscht. Doch die Schaffung der Sicherheit des Herausforderns ist weitaus schwieriger, als sie zu verstehen. Es ist die ultimative kulturelle Herausforderung für jede Führungskraft.

Die Sicherheit des Herausforderns ist ein so hohes Maß an psychologischer Sicherheit, dass die Menschen sich ermächtigt fühlen, den Status quo infrage zu stellen. Sie verlassen ihre Komfortzone, um eine kreative oder bahnbrechende Idee auf den Tisch zu legen, die per Definition eine Bedrohung für die bisherige Arbeitsweise darstellt. Daher ist es für jeden persönlich ein Risiko. Menschen aufzufordern, den Status quo infrage zu stellen, ist sowohl natürlich als auch unnatürlich. Es ist natürlich in dem Sinne, dass der Mensch von Natur aus kreativ ist. Der Biologe Edward O. Wilson sagte, Kreativität sei „die einzigartige und entscheidende Eigenschaft unserer Spezies".[3] Der kreative Instinkt treibt uns an, den Status quo infrage zu stellen, weil wir Neues schaffen und das Bestehende verbessern wollen. Wenn das Umfeld von großem Vertrauen geprägt ist, werden wir den Status quo herausfordern. Ist das Vertrauen gering, wird unser Instinkt zur Selbstzensur ausgelöst, und wir ziehen uns von der Teilnahme zurück. Die Atmosphäre zieht den kreativen Impuls, der das Bestehende herausfordert, entweder an oder schaltet ihn aus. Es ist schon beängstigend genug, gegenüber Mächtigen die Wahrheit zu sagen. Es ist sogar noch beängstigender, gegenüber Mächtigen eine andere Meinung zu äußern, weil das persönliche Risiko der Ablehnung und Peinlichkeit größer ist.

Vor Kurzem führte ich ein Gespräch mit dem Vizepräsidenten eines großen Gesundheitsunternehmens. Er sagte, die Organisation sei militaristischer als das Militär. Schon früh forderte er den Status quo in einer Personalfrage heraus und behielt nur mit Ach und Krach seinen Job. „Ich dachte, ich hätte ein Gehirn zum Selberdenken, aber das ist wohl nicht so", sagte er. „In dieser Organisation macht man genau das, was einem gesagt wird, ohne zu kommentieren. Ich befragte eine andere Frau, die bei einem großen Medienunternehmen in Südamerika arbeitete. „Es ist uns nicht erlaubt, kreativ zu sein", sagte sie. „Wenn man nicht in der Führungsetage ist, darf man nichts infrage stellen. Und wenn man es doch tut, fliegt man raus."

Offensichtlich sind nicht alle Führenden davon überzeugt, dass psychologische Sicherheit für Innovation notwendig ist. Daher glauben einige Führungskräfte, dass psychologische Sicherheit nichts anderes ist, als die Leute zu bitten, nett zu sein. Das geht einher mit der Annahme, dass die Mitarbeitenden verwöhnt werden müssen, bevor man von ihnen erwarten kann, dass sie sich engagieren. Zwei australische Wissenschaftler, Ben Farr-Wharton und Ace Simpson, bringen dies meisterhaft auf den Punkt. „Aus der Perspektive des Systemmanagements erscheint das sehr menschliche Konzept des Mitgefühls verschwenderisch. Das liegt daran, dass das Wahrnehmen, Einfühlen, Verstehen und Antworten auf das Leiden einer Kollegin (wie wir den Prozess des Mitgefühls in Organisationen definieren) als überflüssiger und zeitraubender Prozess betrachtet werden kann, der von den unmittelbaren Arbeitsaufgaben ablenkt."[4]

Diejenigen, die behaupten, psychologische Sicherheit sei nichts weiter als ein sympathisches und sentimentales Angebot von Führungskräften, die nicht gewillt sind, andere zur Verantwortung zu ziehen, leugnen die Bedeutung dieser Voraussetzung für echte Innovation. Sie weigern sich anzuerkennen, dass man Innovation nicht erzwingen oder manipulieren kann. Der Prozess ist mit organisationalen und zwischenmenschlichen Risiken behaftet. Solange man diese Eintrittsbarrieren und Verletzungen in der menschlichen Interaktion nicht senkt oder beseitigt, werden sich die Menschen einfach nicht mit voller Kraft engagieren.

Diese letzte Stufe der psychologischen Sicherheit gilt für die Situationen mit der größten Belastung, dem höchsten Druck, der stärksten Spannung und dem intensivsten Stress. Es steht viel auf dem Spiel. Da die Angst und das potenzielle Risiko für den Einzelnen am größten sind, muss die psychologische Sicherheit am höchsten sein. Bei der Sicherheit der Inklusion bittet man darum, einbezogen zu werden; bei der Sicherheit des Lernens bittet man darum, ermutigt zu werden; bei der Sicherheit des Beitragens bittet man um Autonomie; aber bei der Sicherheit des Herausforderns hat der soziale Austausch eine andere Ebene erreicht: Das Team bittet Sie darum, den Status quo infrage zu stellen. Das ist eine gewaltige Forderung! Die einzige vernünftige Bedingung ist daher, dass die Organisation Sie in diesem Prozess schützt. Wenn die Organisation Offenheit wünscht, brauchen Sie Schutz – Sie brauchen echten und dauerhaften Schutz, um mutig genug zu sein, ein fast immer erhebliches persönliches Risiko einzugehen.

Falls Sie es noch nicht ganz verstanden haben, lassen Sie mich die emotionale Landschaft der Innovation in einer Organisation skizzieren. Es ist eine Sache, seine Talente kreativ einzusetzen oder selbst neugierig auf etwas zu sein. Etwas ganz anderes ist es, den Status quo in einer Organisation ins Visier zu nehmen, wenn das gesamte System und die Kultur ihn bewahren. Wenn in der Organisation die Sicherheit des Herausforderns nicht existiert, ist diese Neugierde und Kreativität mit einem hohen Preis verbunden. Neben der normalen Ungewissheit, der Mehrdeutigkeit und dem Chaos sind wir oft auch mit Scham, Schmerz und Peinlichkeit konfrontiert. Innovation ist schon schwer genug, denn es gibt keine Sicherheit vor dem Scheitern. Das kann Ihnen niemand bieten. Aber die Führende kann die soziale Gefährdung und die emotionale Bedrohung aus dem Prozess nehmen. Es ist nur das kleinste Übel, dass das Fehlen der Sicherheit des Herausforderns den Informationsfluss, der die Zusammenarbeit ermöglicht, blockiert.

Für Unternehmen, die versuchen, ein vertrauensvolles Umfeld für neurodivergente Talente zu schaffen, also Menschen, deren neurologische Entwicklung von der sogenannten „typischen" Entwicklung abweicht, wird die Sicherheit des Herausforderns zu einer Grundvoraussetzung für Produktivität. Das betrifft Mitarbeitende, die Abweichungen in den Bereichen Lernen, Aufmerksamkeit, Stimmung und Sozialverhalten aufweisen – einschließlich verschiedener Formen des Autismus-Spektrums, Legasthenie, Aufmerksamkeitsdefizit, Hyperaktivität, Depression und andere atypische neurologische Zustände. Ich habe die Erfahrung gemacht, dass Mitarbeitende mit neurodivergenten Verhaltensweisen Anzeichen von Angst sensibler spüren, schneller darauf reagieren und mehr Zeit benötigen, um aus einer defensiven Haltung wieder herauszukommen.

Und doch brauchen wir alle die Sicherheit des Herausforderns, damit wir mutig genug sind, den Status quo infrage zu stellen.

> **Schlüsselfrage:** Wann waren Sie das letzte Mal mutig und haben den Status quo infrage gestellt?

Wenn ich Führungskräften das Konzept der Sicherheit des Herausforderns und den sozialen Austausch von Offenheit gegen Schutz vermittle, nicken sie oft und sagen: „Ich habe es verstanden." Dann starre ich sie an und sage: „Nein, das haben Sie nicht verstanden. Sie haben nicht einmal ansatzweise das Ausmaß dessen begriffen, was Sie von den Menschen verlangen." Darf ich an dieser Stelle vorschlagen, dass Sie dieses Buch weglegen und sich vor einen Spiegel stellen. Schauen Sie genau hin. Wenn Sie wollen, dass Ihre Mitarbeitenden innovativ sind, müssen Sie sich mit dem, was Sie von ihnen verlangen, auseinandersetzen und tief in sich gehen. Innovation ist kein reibungsloser, bequemer Prozess. Nein, Innovation bedeutet, dem bestehenden System Gewalt anzutun. Innovation bedeutet, sich selbst absichtlich aus der Umlaufbahn zu stoßen. Innovation bedeutet, Gewissheit gegen Ungewissheit einzutauschen. Meistens ist das eine Einladung zum Scheitern. Das ist nur die organisationale Seite. Denken Sie jetzt an die persönliche Herausforderung.

Was verlangen Sie von Ihren Mitarbeitern, wenn Sie sie auffordern, den Status quo herauszufordern und innovativ zu sein? Ja, es gibt ein Gefühl des Abenteuers, das mit dem Prozess des Forschens einhergeht, aber die Realität ist, dass Sie von Ihren Mitarbeitenden verlangen, sich der Kritik auszusetzen, Misserfolge zu riskieren, Risiken einzugehen, verletzlich zu sein, sich nicht anzupassen und Schmerzen zu empfinden. Und Sie bitten sie, all dies zu tun, ohne dass sie das Ergebnis wirklich kontrollieren können.

Verstehen Sie jetzt, was Sie damit verlangen? Nun, wenn Sie das verlangen, werden Ihre Mitarbeitenden eine vernünftige Bitte an Sie richten. Die Mitarbeitenden wissen, dass Sie nicht alle Verluste vermeiden können. Sie wissen, dass man nicht alle Risiken beseitigen kann, und sie wissen, dass man den Schmerz nicht völlig vermeiden kann. Jeder versteht das, also bitten die Mitarbeitenden Sie zumindest darum, sie sozial und emotional zu schützen, während sie sich auf diesen unsicheren Prozess einlassen. „Schützen Sie mich wenigstens vor Peinlichkeit und Ablehnung", lautet die Bitte. Das ist eine vernünftige Forderung. Und vergessen Sie nicht, dass nicht jeder einen kreativen Beitrag der Bequemlichkeit vorzieht.

Das bringt uns zu der Frage, was zuerst kommt, die Offenheit oder der Schutz. Ich habe einmal eine Gruppe von Mitarbeitenden an einer Universität geschult und mich an einen der Tische gesetzt, um an einer Diskussion teilzunehmen. Einer der Teilnehmer sagte: „Ich verstehe das Konzept 'Offenheit gegen Schutz'. Würden Sie den Führungskräften bitte sagen, dass der Schutz an erster Stelle stehen muss? Erwarten die wirklich, dass ich offen bin, wenn ich keine Beweise für den Schutz gesehen habe? Ich bin vielleicht nicht der Schlauste, aber ich bin nicht dumm." Da haben Sie es.

Offenheit gegen Schutz bedeutet, dass Sie als Führende das Recht jedes Einzelnen schützen, offen über jedes Thema zu sprechen, vorausgesetzt, es werden keine persönlichen Angriffe oder böswillige Absichten verfolgt. Wenn Menschen sich in diesem Recht geschützt fühlen, neigen sie dazu, von diesem Recht Gebrauch zu machen (siehe Tabelle 7).

Schlüsselprinzip: Der soziale Austausch bei der Sicherheit des Herausforderns ist Schutz gegen Offenheit.

Die Definition von *Respekt* auf der vierten Stufe der psychologischen Sicherheit lautet „Respekt für die Fähigkeit des Einzelnen, innovativ zu sein". Wie die Definitionen des Respekts für die Sicherheit des Lernens und des Beitragens ist auch der Respekt auf dieser Stufe ein verdientes statt ein angeborenes Recht. Das heißt, Sie verdienen sich das Recht zur Innovation aufgrund der Leistungen, die Sie gezeigt haben. Will ich damit sagen, dass man keine Stimme haben sollte, bis man ein Experte ist? Nein, jeder sollte eine Stimme haben, aber Sie werden natürlich feststellen, dass man Sie ernst nimmt, wenn diese Stimme glaubwürdig ist.

Tabelle 7: **Stufe 4** Die Sicherheit des Herausforderns

Stufe	**Definition von Respekt**	**Definition von Erlaubnis**	**Sozialer Austausch**
1. Die Sicherheit der Inklusion	Respekt vor der Menschlichkeit des Einzelnen	Erlaubnis für die Person, Ihre persönliche Gesellschaft zu betreten	Inklusion für jeden Menschsein, wenn von ihm keine Bedrohung ausgeht
2. Die Sicherheit des Lernens	Respekt für das angeborene Bedürfnis des Einzelnen, zu lernen und zu wachsen	Erlaubnis für den Einzelnen, sich an allen Aspekten des Lernprozesses zu beteiligen	Ermutigung zum Lernen als Gegenleistung für Engagement im Lernprozess

Stufe	Definition von Respekt	Definition von Erlaubnis	Sozialer Austausch
3. Die Sicherheit des Beitragens	Respekt für die Fähigkeit des Einzelnen, Werte zu schaffen	Erlaubnis für den Einzelnen, unabhängig und nach eigenem Ermessen zu arbeiten	Gelenkte Autonomie im Austausch für Ergebnisse
4. Die Sicherheit des Herausforderns	Respekt für die Fähigkeit des Einzelnen, innovativ zu sein	Erlaubnis für den Einzelnen, den Status quo mit besten Absichten herauszufordern	Schutz im Austausch für Offenheit

Neben dem Respekt ändert sich auch die Art der Erlaubnis, wenn wir zur Sicherheit des Herausforderns übergehen. Auf der vierten Stufe geben wir dem Einzelnen implizit oder explizit die Erlaubnis, den Status quo mit besten Absichten infrage zu stellen. Das heißt, wir gehen davon aus, dass der Einzelne aus dem reinen Motiv heraus handelt, die Situation zu verbessern. Es gibt keine weiteren Qualifikationen oder Einschränkungen. Manchmal stellen Menschen den Status quo mit Ideen für schrittweise Verbesserungen infrage. Manchmal wagen sie einen Schuss ins Blaue und schlagen eine umfassende Änderung der Arbeitsweise vor. Manchmal kommen sie mit ausgereiften Ideen und Plänen, und manchmal mit nichts als einer unbestätigten Ahnung oder einem Bauchgefühl. In einer Atmosphäre der Sicherheit des Herausforderns nehmen wir alle Bewerberinnen und alle Beiträge an. Vielleicht nehmen wir einige Herausforderungen ernster als andere, da wir die Quelle berücksichtigen, aber wir würdigen das Angebot jeder Person unabhängig von der Hierarchie. Bei uns ist es sicher, Kritik zu üben. Es wird von jedem erwartet, dass er sich am disruptiven Denken beteiligt.

Schlüsselfrage: Haben Sie das Gefühl, dass Sie in Ihrem Unternehmen eine Lizenz zur Innovation haben?

Wenn Sie den Status quo ohne die Sicherheit des Herausforderns infrage gestellt haben, erinnern Sie sich zweifellos an diese schmerzhafte Erfahrung und sind sehr vorsichtig, sie nicht zu wiederholen. Ihr mutiger Versuch wurde mit Vergeltung geahndet. Sie dachten, Sie hätten den nötigen Schutz, aber Sie haben sich geirrt und waren der Ablehnung schutzlos ausgeliefert. Diese Erfahrungen werden neurobiologisch eingeprägt und hinterlassen Stress, Narben und lebhafte Erinnerungen, die uns veranlassen, beim nächsten Mal vorsichtiger zu sein.

Bei einer Gelegenheit schulte ich eine große Strafverfolgungsbehörde. Ich spürte sofort, dass die Kultur toxisch und rachsüchtig war. Sobald wir zur ersten Diskussion übergingen, konnte man deutlich sehen, dass die Mitglieder dieser Organisation nicht wohlwollend genug waren, um auch nur einen einfachen Dialog zu führen. Durch die ständige Angst vor Kritik hatten die Führenden erfolgreich eine Atmosphäre des abgestumpften Zynismus geschaffen. Die Gruppendynamik bestand aus Schweigen, durchsetzt mit Sarkasmus, gelegentlichen Witzeleien und bissigem Humor. Niemand würde es wagen, den Status quo mit besten Absichten infrage zu stellen. Das wäre gleichbedeutend mit einer Aufforderung zu verbalen und emotionalen Beschimpfungen, die schnell kommen würden.

Wenn Sie Ihre Mitarbeitenden dazu ermutigen, den Status quo infrage zu stellen, aber die Atmosphäre nicht vorbereitet haben, indem Sie die notwendige Sicherheit des Herausforderns kultiviert haben, was können Sie dann vernünftigerweise erwarten? Werden Ihre Mitarbeitenden mutig sein und sich in feindliches Gebiet begeben, wenn sie wissen, dass ihr Mut bestraft werden wird? Sagen die Leute freiwillig ihre Meinung, wenn Meinungen unterdrückt werden?[5] Nur Dummköpfe begeben sich in schutzloses Gebiet, wenn es nicht sicher ist. Wenn es keine Rückendeckung gibt, ist es unklug von Ihnen, es zu versuchen, und unaufrichtig von Ihnen, danach zu fragen. Selbst wenn Sie die Infragestellung des Status quo als Ausdruck gesunder Unzufriedenheit verstehen, ist das Äußern einer solchen Unzufriedenheit subversiv und immer ein persönliches Risiko. Kein Schutz, keine Offenheit. Die Menschen werden sich Abwehrmechanismen einfallen lassen, um sich vor dem Risiko einer Blamage zu schützen.[6] Und wenn sie Fehler machen, werden sie versucht sein, diese zu vertuschen.

Schlüsselfragen: Wann haben Sie das letzte Mal versucht, einen Fehler zu vertuschen? Was hat Sie dazu bewogen, das zu tun?

Lassen Sie mich dies anhand meiner eigenen beruflichen Erfahrung erläutern. Drei Jahre lang hatte ich einen japanischen Chef mit Sitz in Tokio, Herrn Tadao Otsuki. Als ich die Aufgabe erhielt, ihm Bericht zu erstatten, war ich sehr angespannt, denn ich hatte viel über die starre Hierarchie in der japanischen Geschäftskultur gelesen. Ich hatte ein Buch über die japanische Gesellschaft studiert, in dem diese Warnung ausgesprochen wurde: „Die Äußerung einer Meinung, die der des Chefs widerspricht, wird als Zeichen von Fehlverhalten angesehen."[7] „Ich bin in Schwierigkeiten", dachte ich, denn ich weiß nicht, wie ich meine Arbeit machen soll, ohne meine Meinung zu äußern, und manchmal ist sie zwangsläufig konträr. Aber dann kam die angenehme Überraschung: Tad entpuppte sich als kooperativer, vertrauenswürdiger Mann, der mir erlaubte, mutig zu sein. Er kultivierte eine Kultur, die auf Leistung konzentriert war, und gab nicht viel auf Titel, Position und Autorität, was die Machtdynamik nivellierte. So war es möglich, dass man ohne Angst um Hilfe oder Feedback bitten konnte und sich dabei nicht verwundbar fühlte.[8] Am Ende seiner Karriere hatte dieser Mann für mehrere multinationale Unternehmen gearbeitet und dabei gelernt, dass vielfältige, multidisziplinäre Teams nur dann innovativ sind, wenn sie durch das Öl der Sicherheit des Herausforderns geschmeidig bleiben. Er verstand, dass Innovation die Erforschung des Unbekannten erfordert und immer mit Spannungen und Stress verbunden ist. Er verlangte von mir, mutig zu sein, schuf aber zunächst die Voraussetzungen für diesen Mut. Das bedeutete natürlich, dass ich oft schlechte Ideen einbrachte oder in Sackgassen lief. Aber dann gab es Zeiten, in denen das Team mit bahnbrechenden Innovationen aufwarten konnte.

Schlüsselfrage: Bemühen Sie sich, ohne Rücksicht auf Titel, Position oder Autorität zu handeln, wenn jemand den Status quo infrage stellt?

Als letzten Schritt, um die Voraussetzungen für die Sicherheit des Herausforderns zu schaffen, zeigte er Transparenz. Er gab alle Informationen weiter, die er bekommen konnte, und er tat dies konsequent.

Schlüsselprinzip: Je mehr unbekannte Variablen die Führungskraft durch Transparenz ausschaltet, desto weniger Stressquellen gibt es für die Mitarbeiterin, über die sie sich Sorgen macht.

Ich nahm die Einladung an. Ich wagte mich langsam vor und beobachtete meinen Chef sorgfältig auf Anzeichen von emotionaler Abwehrhaltung. Schließlich hörte ich auf, Versagen oder Verurteilungen zu fürchten, weil es, wie Abraham Maslow es ausdrückte, „sicher genug war, es zu wagen".[9] Man riskierte nie das Ende seiner Karriere, wenn man etwas infrage stellte, weil man wusste, dass die Kultur dies tolerierte und sogar erwartete. Der Führende macht eine Organisation zu einem Laboratorium für Experimente, und dieses Labor erfordert Bedingungen, die sich von bloßer Ausführung unterscheiden. Denken Sie an die inhärenten Einschränkungen, unter denen wir innovativ sein müssen. In der Regel haben wir weniger Daten, mehr Unklarheiten, mehr unbekannte Variablen und mehr Fehlschläge, sodass wir mehr forschende Untersuchungen, mehr Toleranz für unvernünftige Ideen und mehr Kapazität für Fehlschläge benötigen.[10]

Es ist klar, dass Innovation am häufigsten unter Stressbedingungen stattfindet, wenn man den Druck des Wettbewerbs spürt, wenn man versucht, eine Lösung zu finden, die von Zwängen und Einschränkungen umgeben ist. Daran ist nichts Entspanntes oder Unbeschwertes.

Schlüsselprinzip: Im Innovationsprozess besteht kein notwendiger Zusammenhang zwischen Stress und Angst.

Wenn wir Stress und Druck empfinden, muss nicht automatisch Angst die Folge sein. Ich erinnere mich an viele Momente, in denen ich für Tad gearbeitet habe und enormen Druck und starke Aufgeregtheit spürte. Der Druck war durch die Konkurrenzsituation bedingt, aber Tad fügte dem Ganzen nicht noch eine Schicht Angst als perversen Anreiz hinzu, um uns zu motivieren. Indem er die Sicherheit des Herausforderns ermöglichte, half er Stress in positive Energie umzuwandeln. Ich war mit der Leitung eines Unternehmens betraut worden, das Geld verloren hatte. Unsere Marktanteile schwanden und wir befanden uns im freien Fall. Anstatt die zwischenmenschlichen Spannungen im Zuge der Krise eskalieren zu lassen, erhöhte mein Chef die Häufigkeit seiner Kontakte mit mir, aber es waren immer ruhige und konzentrierte Begegnungen. Selbst wenn andere mit aufgestauten Emotionen auftauchten, hatte Tad einen beruhigenden Einfluss. Letztendlich kamen wir aus dieser Krise mit einer stärkeren, schnelleren und engagierteren Organisation heraus.

> **Schlüsselprinzip:** Es ist möglich, in einer Krise Kreativität freizusetzen, wenn die Führungskraft abweichende Meinungen willkommen heißt und nicht noch eine Schicht künstlich erzeugter Angst zu dem vorhandenen natürlichen Stress hinzufügt.

Die sozialen Ursprünge der Innovation

Innovation bedeutet, in die neblige Zukunft zu blicken und zu versuchen, etwas zu verbessern, indem man Dinge miteinander verbindet, die normalerweise nicht miteinander verbunden sind, indem man abweichend, assoziativ, nichtlinear oder an den Rändern denkt. Wir haben im Grunde drei Möglichkeiten, Wissen miteinander zu verbinden:

- Vorhandenes Wissen mit vorhandenem Wissen
- Vorhandenes Wissen mit neuem Wissen
- Neues Wissen mit neuem Wissen

Erinnern Sie sich noch daran, als Netflix vor einigen Jahren die Firma Blockbuster vom Markt verdrängt hat? Wie haben sie das geschafft? Sie verbanden Briefpost mit Compact Discs! Diese beiden gewöhnlichen Dinge wurden zur Quelle einer unwahrscheinlichen, bahnbrechenden Innovation. Das ist meistens das Muster. Wir bauen auf dem auf, was wir kennen, und nutzen die Werkzeuge, Technologien und Ideen, die wir bereits haben.[11] Was meinen Sie, wie Schokolade und Erdnussbutter zusammenkamen? Aber hier liegt die Ironie der Innovation: Obwohl sie auf Wissensbeständen aufbaut, werden durch den Lernprozess, der sie zusammenbringt, auf neue Weise Werte geschaffen.

Schlüsselprinzip: Im Innovationsprozess ist das Lernen wichtiger als das Wissen.

Lernen ist der Prozess der Kombination von Wissensbeständen, aber diese Bestände veralten sehr schnell. Auf lange Sicht ist ein dauerhafter und anpassungsfähiger Lernprozess wertvoller als die vergänglichen Wissensbestände selbst.

Bei näherer Betrachtung der Innovation können wir feststellen, dass es zwei Grundtypen gibt. Typ 1 ist schrittweise und abgeleitet, während Typ 2 radikal und disruptiv ist (Tabelle 8).

Tabelle 8: Die zwei Formen der Innovation

Typ 1	Typ 2
schrittweise	radikal
abgeleitet	disruptiv

Schlüsselfrage: Fällt Ihnen ein aktuelles Beispiel für eine Innovation des Typs 1 (schrittweise und abgeleitet) in Ihrer Organisation ein?

Wie zu erwarten, ist Typ 1 viel häufiger anzutreffen, denn es ist nahliegender für uns, mit dem zu beginnen, was wir wissen, und es mit etwas anderem verbinden, das wir kennen. Wenn das nicht funktioniert, versuchen wir neue Kombinationen (Abbildung 11). Wir kombinieren und kombinieren neu. Diese Neukombination ist die Essenz der Innovation. Deshalb sagte Steve Jobs: „Kreativität besteht darin, Dinge miteinander zu verbinden.“ Ich möchte diese Aussage noch ergänzen.

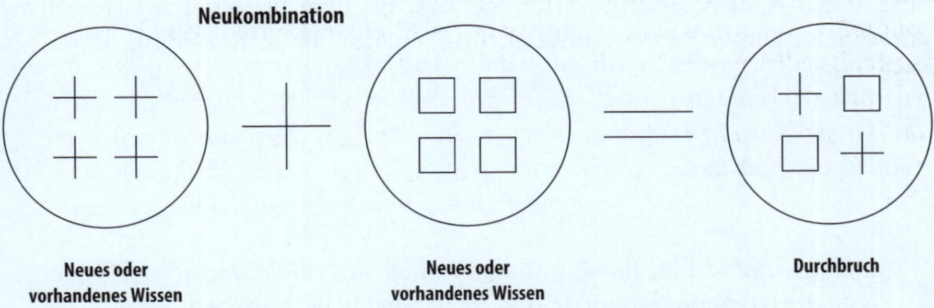

Abbildung 11: Wie Durchbrüche erreicht werden

Schlüsselprinzip: Innovation ist der Prozess, bei dem Menschen, die miteinander verbunden sind, Dinge miteinander verbinden.

Wir alle wissen, dass es nicht ausreicht, eine Gruppe von Virtuosen zusammenzubringen, um schöne Musik zu machen. Sie müssen lernen, zusammen zu spielen. Sie müssen sich zuerst verbinden, und aus dieser Verbindung entsteht die Magie.

Der Prozess der Innovation

Natürlich kann es vorkommen, dass Menschen als einsames Genie ein Licht aufgeht, sie einen Geistesblitz haben oder einem Heureka-Moment erleben, aber das ist eher die Ausnahme. Häufiger entsteht Innovationen aus sozialen Interaktionen. In einer Fragestunde bei Facebook sagte Mark Zuckerberg: „Ideen kommen in der Regel nicht einfach zu dir. Sie entstehen, weil man über einen langen Zeitraum mit vielen Menschen über etwas gesprochen hat.“[12] Brian Wilson, das musikalische Genie hinter den Beach Boys, gestand dieselbe Wahrheit: „Der Schlüssel zu unserem Erfolg war, dass wir die Ideen und Meinungen der anderen respektiert haben.“[13] Ja, man braucht begabte Menschen, um Innovationen zu schaffen, aber der Zauber liegt in der Art und Weise, wie sie ihre Ideen in einem oft chaotisch und spontan erscheinenden Prozess zusammenführen und verschmelzen. Es spielt keine Rolle, ob man Software oder Musik schreibt, Innovation hat meist einen sozialen Ursprung.

Sind Fragen willkommen?

Ich lade Sie ein, für einen Tag Kulturanthropologe zu sein und zu beobachten, wie Innovation in Ihrem Team stattfindet. Wenn Sie genau hinschauen, werden Sie feststellen, dass die Innovation letztlich aus dem Prozess des Erforschens hervorgeht. Dieser Prozess umfasst fünf Schritte, die in Abbildung 12 dargestellt sind.

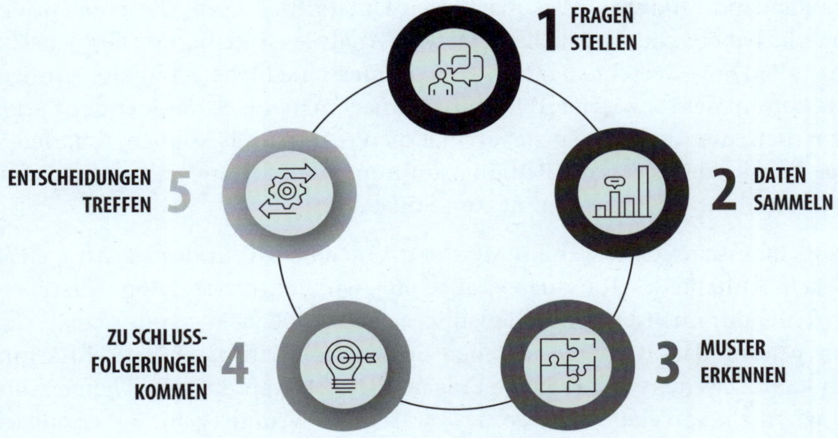

Abbildung 12: Der Prozess des Erforschens

Wie Sie sehen können, besteht der erste Schritt darin, Fragen zu stellen. Fragen wirken wie ein Katalysator. Sie setzen den Prozess in Gang. Ohne Fragen passiert nichts. Und doch müssen wir das Risiko anerkennen, das damit verbunden ist.

Schlüsselprinzip: Das Stellen von Fragen birgt ein persönliches Risiko.

Und wenn es sich um Fragen handelt, die auf Innovation hindeuten, sind sie fast immer mit einem größeren persönlichen Risiko verbunden, weil sie den Status quo infrage stellen. Sie greifen die bisherige Arbeitsweise an. Für die eigene Karriere ist dies der Bereich mit hohem Risiko und hoher Belohnung. Fragen Sie sich selbst: Sind Fragen in meinem Team wirklich willkommen – und zwar nicht die sanften, einfachen, ungefährlichen Fragen, sondern die mutigen und bahnbrechenden Fragen?

Schlüsselfrage: Sind Fragen in Ihrem Team willkommen?

Haben Sie eine Kultur des Hinterfragens kultiviert, die auch schwierige, unbequeme Fragen zulässt, und spüren die Mitarbeitenden das wirklich? Wenn Sie eine Fülle von neuen Ideen wollen, brauchen Sie zuerst eine Fülle von Fragen. Wenn Sie eine Fülle von Fragen wollen, müssen Sie für ein Höchstmaß an psychologischer Sicherheit sorgen, die auf dem Respekt und der Erlaubnis beruht, die Sie den Menschen geben.

Wir sehen sehr schnell, dass der gesamte Innovationsprozess von der Bereitschaft abhängt, den Prozess des Forschens mit Fragen zu aktivieren. Durch alle Organisationen fließen Informationen und Ideen, aber nicht alle Organisationen sind innovativ. Was macht den Unterschied? Falls Sie es noch nicht bemerkt haben: Die natürliche Folge von Analyse ist Reibung. Die Menschen sehen die Dinge verschieden und ziehen unterschiedliche Schlussfolgerungen. Jetzt kommt der schwierige Teil: Wie schmiert man die Zahnräder der Zusammenarbeit, um die Reibung zu verringern? Wenn Sie das können, schaffen Sie neue Werte. Aber wenn die Reibung zunimmt, wird Schmiermittel durch Sand ersetzt und Ihr Getriebe kommt zum Stillstand.

Mein japanischer Chef war ein Meister darin, eine Kultur des Nachfragens zu pflegen. Anhand des Tons, den er anschlug, wusste ich zwei Dinge: Erstens, es gab keine dummen Fragen. Ich glaube, er hatte, wie viele von uns, aus Erfahrung gelernt, dass der Grat zwischen Brillanz und Unwissenheit sehr schmal sein kann. Zweitens gab es keine Fragen, die tabu waren, keine Themen, über die wir nicht sprechen konnten. Das waren die Grundregeln, die er aufstellte, unterstützt durch sein eigenes vorbildliches Verhalten und eine Form der Kommunikation, bei der sich Reden und Zuhören die Waage hielten. Ohne sein Beispiel und den Schutz, den er bot, hätte ich gezögert, den Prozess des Forschens zu aktivieren und mich auf Innovationen einzulassen. Letztendlich ist das Einladen zu Fragen das Ventil, durch das man die Innovation zum Fließen bringt. Wenn man Menschen nicht ermutigt, Fragen zu stellen, oder sie dafür bestraft, schließt man das Ventil.

> **Schlüsselprinzip:** Wenn Sie Ihrem Team die Sicherheit des Herausforderns vorenthalten, überlassen Sie das Team unwissentlich dem Status quo.

Anstatt Ihr Team vor Gruppendenken zu schützen, erzwingen Sie es. Sie schaffen die Voraussetzungen dafür, dass Ihre Mitarbeitenden nicht selbst denken und nichts hinterfragen, und Teams lernen sehr schnell, nicht selbst zu denken und nichts zu hinterfragen. Sie lernen sehr schnell, „wie sie sich selbst in eine Echokammer von gleichgesinnten Freunden einschließen können".[14]

Ob Ihr Team innovativ ist und wie schnell es innovativ ist, hängt von Ihnen ab. Sie regulieren die Geschwindigkeit des Forschens und die Dynamik des Informationsflusses. Sie beschleunigen die Problemlösung. Sie schaffen eine Atmosphäre von Disziplin und Agilität. Sie schaffen die Muster und vorherrschenden Normen, die es dem Team ermöglichen, sich selbst zu führen.

Ich habe mit einem anderen Geschäftsführer gearbeitet, der in jedem Raum viel Sauerstoff brauchte und die Sitzungen immer dominierte. Er musste immer im Mittelpunkt stehen. Auf Bitten einer verzweifelten stellvertretenden Leiterin der Personalabteilung nahm ich an einer Sitzung mit diesem CEO und seinem Team teil, um die Dynamik zu beobachten. In diesem Fall war der CEO nicht äußerlich beleidigend, sondern nur subtil erniedrigend. Er eröffnete die Sitzung und gab die Tagesordnung vor. Er stellte Ja/Nein-Fragen und wurde sichtlich unruhig, wenn seine direkten Mitarbeitenden mehr als nur ein paar Worte der Erklärung gaben, die über ein einfaches Ja oder Nein hinausgingen. Einmal, und das werde ich nie vergessen, begann die Gruppe, ein Thema zu diskutieren und in einen produktiven Dialog einzutreten. Nach etwa zwei oder drei Minuten öffnete der CEO seinen Laptop und begann, E-Mails zu schreiben – mitten in der Sitzung! Ich sah die Personalleiterin ungläubig an, und sie warf mir einen wissenden Blick der Resignation zu. Auf diese Weise tadelte und zensierte er. Letztendlich verlor der CEO seinen Job durch sein eigenes Verschulden: Er scheiterte, weil sein Team aus vertikalen und unabhängigen Wissensblöcken bestand, die nie zusammenkamen.

Es ist wichtig zu bedenken, dass Innovation interdisziplinär ist. Ihr Erfolg wird nicht von unabhängigem Handeln abhängen, sondern von Ihrer wechselseitigen Interaktion. Wenn das Team nicht zusammenfindet und produktiv die fünf Schritte des Forschens durchläuft, werden Sie nie ans Ziel kommen – egal, wie viele talentierte Mitarbeitende Sie haben. Man kann nur als Team gewinnen. Es mag unspektakulär erscheinen, aber wenn Sie Innovationen beobachten, sehen Sie, wie Menschen miteinander reden, interagieren, diskutieren und debattieren. Nur durch dieses Zusammenspiel und die Synthese von Ideen kommt es zu konstruktiver Meinungsverschiedenheit, kreativer Reibung und zum Prozess von Kombination und Neukombination.

Als ich Werksleiter bei Geneva Steel war, lernte ich die lebenslange Lektion, dass jedes System eine Beschränkung hat. Die Einschränkung begrenzt nicht nur, sondern diktiert auch die Leistung des gesamten Systems. Diese Einschränkung ist der Engpass, den andere Teile des Systems nicht kompensieren können. Nehmen wir als Beispiel einen 400-Meter-Staffellauf. Jedes der vier Teammitglieder läuft eine Runde auf der Bahn. Wenn Sie der langsamste Läufer sind, wird Ihre Langsamkeit die Gesamtleistung des Teams bestimmen. Jeder ist auf den anderen angewiesen. Wenn die drei anderen Teammitglieder ihre Etappen in 48 Sekunden laufen und Sie 75 Sekunden brauchen, muss das Team Ihre Zeit trotzdem in die Gesamtzeit einrechnen. Unabhängig davon, wie schnell die anderen laufen, drücken Sie die Gesamtleistung.

Innovation funktioniert auf die gleiche Weise. **Ihre Aufgabe als Führungskraft besteht darin, die soziale Reibung zu verringern und gleichzeitig die intellektuelle Reibung zu erhöhen.** Das ist entscheidend, um den Engpass bei der Innovation zu beseitigen. Wenn Ihnen das gelingt, werden die Menschen sich tief auf den Prozess des Forschens einlassen, weil sie sich durch die Verschmelzung von Rationalität und Emotion mit den Ergebnissen der Innovation identifizieren. Ich sehe ein Team nach dem anderen, das mit allen Ressourcen ausgestattet ist, die es für die Innovation braucht, mit einer Ausnahme – der psychologischen Sicherheit, die zum Engpass im System wird.

Schlüsselfrage: Was können Sie tun, um die soziale Reibung in Ihrem Team zu verringern und gleichzeitig die intellektuelle Reibung zu erhöhen?

Es ist eine Sache, für die Ausführung zusammenzuarbeiten, was normalerweise dem Status quo dient. Aber es ist etwas ganz anderes, für die Innovation zusammenzuarbeiten. Während es bei der Ausführung darum geht, Werte für die Gegenwart zu schaffen, geht es bei der Innovation darum, Werte für die Zukunft zu schaffen. Es ist eine aufrührerische Mission, Sie bilden eine unorthodoxe Geheimabteilung innerhalb der Organisation. Sie agieren als „Disrupters in Residence". Genau darum geht es bei jedem großen intellektuellen Projekt. Der Prozess ist nicht geordnet, sauber oder linear. Er ist chaotisch und beruht auf Wiederholung, auf Versuch und Irrtum. Innovation ist die Verbindung von hartnäckigen Problemen mit kreativem Chaos, wobei es nicht sicher ist, ob Sie etwas Besseres zu schaffen.

Schlüsselprinzip: Das Muster der Innovation besteht darin, viel zu versuchen und nur selten erfolgreich zu sein.

Unterschiede ausfindig machen und das Risiko von Spott verringern

Lassen Sie uns etwas tiefer in den Prozess der Beseitigung von Engpässen in der Organisation eindringen, um ihr Innovationspotenzial freizusetzen. Wie bringt man die Innovation zum Fließen? Erstens: Suchen Sie nach Unterschieden. Zweitens: Reduzieren Sie das Risiko, sich lächerlich zu machen.

Denken Sie daran, dass Innovation ein Prozess ist, bei dem Menschen, die miteinander verbunden sind, Dinge miteinander verbinden. Wenn wir sagen, dass wir *Dinge verbinden*, meinen wir Dinge, die normalerweise nicht miteinander verbunden sind. James Dyson, der Erfinder des Dyson-Staubsaugers, erzählte zum Beispiel, dass er eines Tages auf einem Holzlagerplatz riesige Zyklone auf dem Dach sah, die Staub ansogen. Sofort stellte er eine Verbindung zwischen diesen Zyklonen und seiner Idee eines beutellosen Staubsaugers her. Wenn Innovation dadurch entsteht, dass man verschiedene Dinge miteinander verbindet, ist es die Aufgabe der Führungskraft, die Unterschiede überhaupt erst zu stimulieren. Diese Unterschiede sind das Rohmaterial, aus dem Innovation entsteht.[15]

Sie sind nicht auf der Suche nach Zustimmung oder Konsens. Sie suchen genau das Gegenteil. Sie wollen Unterschiede schaffen und verstärken. Sie wollen, dass die Menschen neue, seltsame und nicht offensichtliche Verbindungen herstellen. Wie erreichen Sie das? Erstens, indem man Unterschiede in der Zusammensetzung schafft. Das bedeutet, ein vielfältiges Team zusammenzustellen. Vielfalt in der Zusammensetzung kann zu Vielfalt im Denken führen. Da Vielfalt zu verschiedenen Meinungen führt, sind vielfältige Teams weniger anfällig für Gruppendenken.[16] Bringen Sie nun diese Unterschiede zur Wirkung, indem Sie abweichendes Denken fördern. Peter Drucker sagte einmal: „Meinungsverschiedenheiten sind notwendig, um die Vorstellungskraft anzuregen."[17] Auch hier ist Reibung die natürliche Folge der Analyse, weil die Menschen die Dinge unterschiedlich sehen und unterschiedliche Schlussfolgerungen ziehen.

Schlüsselfrage: Wie schützen Sie Ihr Team vor den Gefahren des Gruppendenkens?

Sehen Sie das empfindliche Gleichgewicht? Sie versuchen, die soziale Reibung zu reduzieren, aber nicht die intellektuelle Reibung. Bei zu viel sozialer Reibung wird das Schmiermittel durch Sand ersetzt und das Getriebe der Innovation kommt zum Stillstand. Bei zu wenig sozialer Reibung entwickeln Sie ein gleichförmiges Denken, Sie schotten sich ab und verlieren die Fähigkeit, sich an ein verändertes Umfeld anzupassen. Man muss die Unterschiede fördern und eine Dynamik von Konflikten schaffen, das natürlichen Druck und Stress erzeugt, aber keine Angst mit sich bringt.

Mein zweiter Vorschlag hängt mit dem ersten zusammen. Wenn Unterschiede zutage treten, sollten Sie als Führende alles in Ihrer Macht Stehende tun, um das Risiko des Spottes zu verringern. Dies erreichen Sie, indem Sie jegliches spöttisches Verhalten bei sich selbst unterbinden und eine Norm schaffen, die alle Formen des Spottes missbilligt und eine kollegiale Verantwortlichkeit zur Aufrechterhaltung dieser Norm einführt. Innovation wird durch die Sicherheit des Herausforderns ermöglicht, durch Angst und Spott wird sie verhindert. Menschen sind von Geburt an neugierig, und das Ziel ist es, sie dabei zu unterstützen, neugierig zu bleiben. Jede Form des Spottes ist ein intellektueller Maulkorb, der die Innovation ausbremst.

Schlüsselfrage: Sehen Sie in Ihrem Team die Gefahr, dass die Menschen lächerlich gemacht werden?

Ich erinnere mich an eine Besprechung mit meinem Team, in der unser Finanzchef unseren Marketingleiter wegen einiger seiner Marketingideen und der Art und Weise, wie er sein Budget aufteilen wollte, offen lächerlich machte. Anstatt zu intervenieren und den Finanzchef auf der Stelle zur Rede zu stellen, ließ ich es auf sich beruhen. Ich ließ es vor dem gesamten Team über mich ergehen. Ich tolerierte den Spott, und meine Untätigkeit an diesem Tag sendete eine feige Botschaft aus, die ich in den folgenden Wochen rückgängig machen musste. Weil ich meinen eigenen Ansprüchen nicht gerecht wurde, öffnete ich die Tür für noch mehr Spott und verschloss die Tür zu mehr Innovation. Meine Nachlässigkeit gefährdete die Sicherheit des Herausforderns.

Ein Team von israelischen und europäischen Sozialpsychologen hat kürzlich den Zusammenhang zwischen psychologischer Sicherheit und Kreativität nachgewiesen. Allein die Gewissheit, dass die eigene Verletzlichkeit nicht ausgenutzt wird, bestärkt uns darin, mutig zu sein und zum kreativen Prozess beizutragen.[18]

Der Psychologe Mihaly Csikszentmihalyi argumentiert: „Jeder von uns wird mit zwei widersprüchlichen Impulsen geboren: einem konservativen Impuls, der aus Instinkten der Selbsterhaltung, Selbsterhöhung und des Energiesparens besteht, und einen expansiven Impuls, der sich aus dem Instinkt für Entdeckungen, für die Freude am Neuen und am Risiko zusammensetzt – die Neugier, die zu Kreativität führt, gehört zu dieser Gruppe von Eigenschaften."[19]

Schlüsselprinzip: Nichts kann die Neugierde und den Forscherdrang schneller zum Erliegen bringen als eine kleine Dosis Spott, die genau zum richtigen Zeitpunkt verabreicht wird.

Ich habe Führungskräfte gekannt, die es für akzeptabel hielten, Spott zu benutzen, um eine Wirkung zu erzielen. Sie folgten vielleicht der Annahme, dass spöttische Bemerkungen in wenigen Situationen ausgeglichen werden durch viele Situationen, in denen sie nicht spöttisch waren. Aber so funktioniert das nicht. Wenn man eine Idee nur einmal verspottet und es zehnmal nicht tut, erinnert man sich an den Spott.

Schlüsselprinzip: Das Heikle bei der Sicherheit des Herausforderns besteht darin, dass es viel Zeit braucht, sie zu schaffen, und nur einen Moment, um sie zu zerstören.

Sind Sie bereit, sich zu irren?

Denken Sie an den sozialen Austausch bei der Sicherheit des Herausforderns: Schutz für Offenheit. Wenn Ihr Unternehmen auf Innovation setzt, werden Sie sich ernsthaft bemühen, anderen den nötigen Schutz zu bieten, wenn sie sich in Neuland wagen, wo sie den Status quo infrage zu stellen. Als Führende werden Sie motiviert sein, eine grundsätzliche Aufgeschlossenheit gegenüber Menschen und Ideen zu zeigen, eine kognitive und emotionale Offenheit, die von anderen deutlich wahrgenommen wird. Nicht zuletzt werden Sie die Fähigkeit entwickeln, sich zu irren. Diese Offenheit aktiviert und begünstigt den Innovationsprozess. Ja, Sie sind ein Spieler-Coach und können sich selbst an der Infragestellung des Status quo beteiligen, aber Ihre Hauptaufgabe besteht darin, die Ideen, die aus allen Richtungen kommen, zu fördern und zu schützen, anstatt sie einzufangen und zu neutralisieren.

Für manche Führungskräfte ist dieser Prozess eine persönliche Herausforderung. Sie fangen die guten Ideen auf und verwerfen sie entweder oder machen sie sich zu eigen. Wenn Sie ein unstillbares Bedürfnis nach Status haben, wenn Sie nach Anerkennung suchen und an den Insignien der Macht festhalten, wenn Sie recht haben müssen, könnte die Schaffung der Sicherheit des Herausforderns die schwierigste Aufgabe Ihrer Führungsverantwortung sein. Wie Oscar Munoz, der CEO von United Airlines, sagte: „Es ist traurig, wenn die Menschen die Bedeutung der emotionalen Intelligenz nicht erkannt haben. Man muss selbst zu einer Person werden, auf die die Leute zukommen, um offen ihre Meinung zu sagen.“[20]

Ich hatte einmal einen Chef, der nicht besonders gut darin war, sich zu irren. Er war eine schamlose Führungsperson mit einem ausgeprägten Gefühl des eigenen Machtanspruchs. Er hatte eine Haltung, die man so umschreiben kann: „Diejenigen, die glauben, alles zu wissen, sind sehr beleidigend für diejenigen von uns, die tatsächlich alles wissen.“ Er war dogmatisch, belehrend und pedantisch. Es war nicht nur ermüdend, mit ihm zusammen zu sein, sondern auch riskant. Sein triefendes Ego schaltete die Sicherheit des Herausforderns aus, wo immer er auftauchte. Es überraschte mich nicht, dass sich die Leute schnell an seinen Stil gewöhnten. Eine der ersten Anpassungen, die sein Team vornahm, bestand darin, eine wichtige Sitzung in eine Farce zu verwandeln. In der offiziellen Sitzung wurde der Chef mit nervösem Respekt verehrt, die dann folgende eigentliche Sitzung bestand aus Nebengesprächen und willkürlichen Entscheidungen.

> **Schlüsselprinzip:** Wenn eine Führungsperson die Suche nach Innovation durch Konkurrenz um Ansehen ersetzt, kann das Team nicht den sozialen Zusammenhalt erreichen, der für den ko-kreativen Prozess der Innovation notwendig ist.

Mein Chef wollte seinen eigenen Machteinfluss schützen, indem er sich in den Vordergrund stellte – die moderne Version eines antiquierten Modells der Dominanz, die schließlich sein Schicksal besiegelte. Er wurde gefeuert. Die große Ironie bei diesem Chef war, dass er hochintelligent war und sich trotzdem so verhielt, weil er sich verletzlich fühlte. Er wollte sich keiner Bedrohung oder Peinlichkeit aussetzen, aber gerade in dem Versuch, sich selbst die Sicherheit des Herausforderns zu verschaffen, nahm er sie uns weg. Dieses Muster zeigt sich bei vielen klugen Menschen.[21]

Man muss bescheiden und offen sein, und man muss zuhören. Wenn man das nicht tut, haben die Menschen um einen herum irgendwann nichts mehr zu sagen. Der weltberühmte Cellist Yo-Yo Ma wurde einmal in einem Interview gefragt: „Was ist der Schlüssel zu einer fruchtbaren Zusammenarbeit, vor allem zwischen Kulturen oder Disziplinen?" Seine Antwort: „Man muss das eigene Ego im Griff haben." In kleinen Organisationen und auf den unteren Ebenen großer Organisationen sehe ich das Muster der Überheblichkeit seltener, aber je höher man in die Führungsetagen aufsteigt, desto häufiger tritt es auf. Der Führungswissenschaftler Manfred Kets de Vries behauptet: „Die am häufigsten auf Führungsebene anzutreffende Störung ist pathologischer Narzissmus. Es ist nicht so, dass Menschen entweder narzisstisch sind oder nicht. Wir alle weisen bis zu einem gewissen Grad narzisstische Eigenschaften auf."

Die Geschwindigkeit des Wandels außerhalb einer Organisation begünstigt heute die Führungsperson, die forscht, die Peripherie erkundet und das Blickfeld für die gesamte Organisation erweitert. In zunehmendem Maße werden wir von unseren Führungskräften nicht erwarten, dass sie die Antworten haben, sondern wir werden sie als diejenigen betrachten, die diese Antworten hervorbringen können, indem sie das kreative Potenzial der Organisation nutzen.

Was sollten Sie tun, wenn Sie Macht in Ihrer Position haben? Seien Sie sich zunächst darüber im Klaren, dass dieser Prozess schwierig sein wird. Risiko und Angst sind eng mit formeller Autorität verbunden. Die Menschen werden Ihnen schmeicheln und Sie nicht verärgern, stören oder verunsichern wollen. Sie werden filtern, was sie Ihnen gegenüber äußern. Gestalten Sie Ihre Organisation kulturell mit flachen Hierarchien, auch wenn die Hierarchien strukturell nicht so flach sind. Machen Sie Gleichheit zu einem Wert. Der Status sollte zu einer künstlichen Einschränkung werden.

Hier sind drei praktische Vorschläge:

1. Lassen Sie jeden in Ihrem Team abwechselnd Ihre regelmäßigen Sitzungen leiten. Zu viele Führungskräfte monopolisieren diese Verantwortung. Geben Sie jedem eine Chance. Das wird Ihre Mitarbeitenden herausfordern, aber es wird auch Vertrauen schaffen.
2. Führen Sie jede Woche ein kurzes Schulungssegment durch, und lassen Sie auch hier die Verantwortung für die Leitung der Schulung rotieren. Sorgen Sie dafür, dass weniger erfahrene Personen mit niedrigerem Status die Gelegenheit haben, erfahrenere Personen mit höherem Status zu schulen. Dies vermittelt eine klare Botschaft und beschleunigt die Entwicklung.
3. Wenn Sie ein persönliches Gespräch mit einem Teammitglied führen möchten, gehen Sie zu ihr, anstatt sie zu sich kommen zu lassen. Craig Smith geht zum Schreibtisch eines Schülers und kniet sich neben ihn, um ihm bei einem Rechenproblem zu helfen. Das ist eine kraftvolle Geste der dienenden Führung, die das Statusgefälle verringert. „Wo immer die Schranken für die freie Entfaltung des menschlichen Erfindungsgeistes beseitigt werden", sagte der österreichische Wirtschaftswissenschaftler Friedrich August von Hayek,

„wird der Mensch rasch in die Lage versetzt, eine immer größere Bandbreite von Wünschen zu befriedigen."[22]

Und schließlich: Hüten Sie sich vor dem Fluch des Erfolgs. Leider ist der Erfolg nicht unbedingt Ihr Freund, wenn es darum geht, die Sicherheit des Herausforderns zu fördern. Wahrscheinlich kennen Sie dieses Muster: Erfolg führt zu Arroganz, und Arroganz führt zu einem Mangel an Demut, Mitgefühl und der Bereitschaft, Feedback anzunehmen.[23] Vielleicht haben Sie dank Ihres Mutes und Ihrer Entschlossenheit eine beeindruckende Erfolgsbilanz vorzuweisen, aber lassen Sie Ihren Erfolg nicht zu einem einschränkenden oder verhindernden Faktor für die Sicherheit des Herausforderns werden.

Die formelle Erlaubnis anderer Meinungen von Beginn an

Der Feind der Innovation ist die Vereinheitlichung des Denkens. Wie können Sie sich davor schützen?[24] Antwort: Sie müssen andere Meinungen zulassen. Es reicht nicht aus, das richtige Verhalten vorzuleben und die Normen informell zu bekräftigen; Sie müssen den Dissens formell und offiziell zuweisen.

Einige Branchen haben diese Praxis aus der Notwendigkeit heraus entwickelt, weil sie in Umgebungen mit hohem Risiko arbeiten. Die NASA beispielsweise begann in den 1960er-Jahren mit dem Einsatz sogenannter Tigerteams. Ein Tigerteam war „ein Team von ungezähmten und ungehemmten technischen Spezialisten, die aufgrund ihrer Erfahrung, ihrer Energie und ihres Einfallsreichtums ausgewählt und damit beauftragt wurden, unerbittlich jede mögliche Fehlerquelle in einem Teilsystem eines Raumfahrzeugs aufzuspüren".[25] Es war ihre Aufgabe, nach potenziellen Problemen, Fehlern und Risiken zu suchen. IT-Abteilungen tun dasselbe, wenn sie sogenannte weiße Hacker damit beauftragen, nach Schwachstellen und potenziellen Quellen für eine Verletzung der Datensicherheit zu suchen.

> **Schlüsselfrage:** Haben Sie die Angewohnheit, Projekten, Initiativen oder Handlungsvorschlägen formell abweichende Meinungen zu erlauben?

Zudem habe ich mit vielen Technologieunternehmen im Silicon Valley zusammengearbeitet, die zu einem ähnlichen Zweck sogenannte rote Teams einsetzen. Man schlüpft in die Rolle der loyalen Opposition, spielt den Anwalt des Teufels oder verfasst ein Pre-Mortem, eine vorausschauende Rückschau. Wie man es nennt, spielt keine Rolle. Wichtig ist, dass Sie offiziell Ressourcen beauftragen und einsetzen, um Ideen zu prüfen und Ihnen zu sagen, warum etwas nicht funktioniert, wo es Schwächen gibt und warum etwas fehlerhaft ist. Dies bietet den nötigen Schutz für Offenheit, die dem Team hilft, die Schichten der Loyalität gegenüber dem Status quo und der Verlustangst zu durchbrechen, die normalerweise den aktuellen Zustand schützen. Außerdem wird dadurch die Rolle von abweichenden Meinungen kulturell aufgewertet, sie werden sozial und politisch akzeptabel.

Schlüsselprinzip: Indem man bei einem Projekt, einer Priorität oder einer Initiative von Anfang an Raum für abweichende Meinungen zulässt, wird die natürliche Angst, die normalerweise mit der Infragestellung des Status quo verbunden ist, beseitigt.

Sie geben den Mitarbeitern nicht nur die Erlaubnis, den Satus quo herauszufordern, sondern Sie erwarten es sogar. Meiner Erfahrung nach ist die Zuweisung von Dissens das wirksamste Mittel, das einer Führungskraft zur Verfügung steht, um eine Kultur in Richtung Agilität zu verändern. Nichts kann kulturelle Normen schneller und wirkungsvoller verändern.

Schlussgedanken

Die letztendliche Quelle für Anpassungsfähigkeit, Wettbewerbsfähigkeit und Selbsterhaltung, ja der Schlüssel zu Widerstandsfähigkeit und Erneuerung, ist die ständige Fähigkeit einer Organisation, zu lernen und sich anzupassen. Diese Fähigkeit ist es, die es uns ermöglicht, innovativ zu sein und eine adaptive oder präventive Antwort zu finden. Auch wenn es persönlich bedrohlich erscheinen mag, müssen Führungskräfte in erster Linie die Muster der Lernagilität vorleben. Dies ist nicht nur ein grundlegender Wandel gegenüber dem Expertenmodell der Führung, sondern verlangt von den Führungskräften auch eine ganz andere emotionale und soziale Haltung. Führungskräfte werden sich ihre Kompetenz zunehmend durch ihre Lern- und Anpassungsfähigkeit verdienen, anstatt sich auf ihr aktuelles Wissen und ihre Fähigkeiten verlassen zu können.

Hier noch einige abschließende Vorschläge zur Schaffung der Sicherheit des Herausforderns:

- Seien Sie sich bewusst, dass Sie der Kurator der Kultur sind. Sie geben den Ton an. Schützen Sie unter allen Umständen das Recht des Teams, seine Meinung zu äußern. Weisen Sie jeden zurecht, der versucht, andere zum Schweigen zu bringen.
- Manchmal werden Sie etwas sehen, was die anderen nicht sehen können. Manchmal werden die anderen etwas sehen, was Sie nicht sehen können. Wenn Sie Ihre eigenen Ideen eifersüchtig behüten, werden Ihre Mitarbeitenden das Gleiche tun. Zeigen Sie keinen Stolz auf Ihre Urheberschaft.
- Erklären Sie jedem Mitglied Ihres Teams die Pflicht, zu widersprechen. Dann machen Sie sich darauf gefasst, die Wahrheit zu hören. Denken Sie daran, dass eine negative Reaktion auf schlechte Nachrichten oder abweichende

Meinungen das Team wieder zum Schweigen bringt und Ihr Schicksal als glücklose Führungskraft besiegelt.

- Machen Sie es nicht zu einer emotionalen Belastung, den Status quo infrage zu stellen. Fordern Sie die Mitglieder Ihres Teams auf, bestimmte Dinge infrage zu stellen, und diskutieren Sie Ideen auf der Grundlage ihrer Begründetheit.
- Ein Team verirrt sich oft und scheitert vorübergehend, bevor es seinen Weg findet und schließlich erfolgreich ist. Das ist ein normaler Prozess. Er ist chaotisch, nichtlinear, verläuft in Wiederholungen, durch Versuch und Irrtum, und auf dem Weg kann es zu einigen Umschwüngen kommen. Weisen Sie darauf hin, dass Sie sich auf unbekanntem Gebiet befinden, und helfen Sie Ihrem Team, die Reise zu genießen.
- Wenn Sie den Vorschlag eines Teammitglieds ablehnen, zeigen Sie Feingefühl, indem Sie erklären, warum. Ihre rücksichtsvolle Antwort wird die Person ermutigen, sich bei der nächsten Gelegenheit wieder zu äußern.[26]

Schlüsselprinzipien

- Die Sicherheit des Herausforderns demokratisiert die Innovation.
- Wenn es um Innovation geht, erhöht Verbundenheit die Produktivität.
- Ein Team von Anfang an mit der Sicherheit des Herausforderns zu sozialisieren, ist immer einfacher, als ein Team später neu zu sozialisieren.
- Der soziale Austausch bei der Sicherheit des Herausforderns ist Schutz gegen Offenheit.
- Je mehr unbekannte Variablen die Führungskraft durch Transparenz ausschaltet, desto weniger Stressquellen gibt es für die Mitarbeiterin, über die sie sich Sorgen macht.
- Im Innovationsprozess besteht kein notwendiger Zusammenhang zwischen Stress und Angst.
- Es ist möglich, in einer Krise Kreativität freizusetzen, wenn die Führungskraft abweichende Meinungen willkommen heißt und nicht noch eine Schicht künstlich erzeugter Angst zu dem vorhandenen natürlichen Stress hinzufügt.
- Im Innovationsprozess ist das Lernen wichtiger als das Wissen.
- Innovation ist der Prozess, bei dem Menschen, die miteinander verbunden sind, Dinge miteinander verbinden.
- Das Stellen von Fragen birgt ein persönliches Risiko.
- Wenn Sie Ihrem Team die Sicherheit des Herausforderns vorenthalten, überlassen Sie das Team unwissentlich dem Status quo.
- Das Muster der Innovation besteht darin, viel zu versuchen und nur selten erfolgreich zu sein.
- Nichts kann die Neugierde und den Forscherdrang schneller zum Erliegen bringen als eine kleine Dosis Spott, die genau zum richtigen Zeitpunkt verabreicht wird.

- Das Heikle bei der Sicherheit des Herausforderns besteht darin, dass es viel Zeit braucht, sie zu schaffen, und nur einen Moment, um sie zu zerstören.
- Wenn eine Führungsperson die Suche nach Innovation durch Konkurrenz um Ansehen ersetzt, kann das Team nicht den sozialen Zusammenhalt erreichen, der für den ko-kreativen Prozess der Innovation notwendig ist.
- Indem man bei einem Projekt, einer Priorität oder einer Initiative von Anfang an Raum für abweichende Meinungen macht, wird die natürliche Angst, die normalerweise mit der Infragestellung des Status quo verbunden ist, beseitigt.

Schlüsselfragen

- Welche Muster hat Ihr Team von der Führungskraft übernommen?
- Fällt Ihnen eine Veränderung ein, die Sie begonnen, aber nicht zu Ende gebracht haben, weil Sie wieder in Ihr ursprüngliches Verhalten zurückgefallen sind?
- Wann waren Sie das letzte Mal mutig und haben den Status quo infrage gestellt?
- Haben Sie das Gefühl, dass Sie in Ihrem Unternehmen eine Lizenz zur Innovation haben?
- Wann haben Sie das letzte Mal versucht, einen Fehler zu vertuschen? Was hat Sie dazu bewogen, das zu tun?
- Bemühen Sie sich, ohne Rücksicht auf Titel, Position oder Autorität zu handeln, wenn jemand den Status quo infrage stellt?
- Fällt Ihnen ein aktuelles Beispiel für eine Innovation des Typs 1 (schrittweise und abgeleitet) in Ihrer Organisation ein?
- Sind Fragen in Ihrem Team willkommen?
- Was können Sie tun, um die soziale Reibung in Ihrem Team zu verringern und gleichzeitig die intellektuelle Reibung zu erhöhen?
- Wie schützen Sie Ihr Team vor den Gefahren des Gruppendenkens?
- Sehen Sie in Ihrem Team die Gefahr, dass die Menschen lächerlich gemacht werden?
- Haben Sie die Angewohnheit, Projekten, Initiativen oder Handlungsvorschlägen formell abweichende Meinungen zu erlauben?

Schlussgedanken
Bevormundung und Ausbeutung vermeiden

Denk daran, wenn du frei bist, besteht deine wichtigste Aufgabe darin, andere zu befreien. Wenn du etwas Macht hast, dann ist es deine Aufgabe, andere zu ermächtigen.

– Toni Morrison

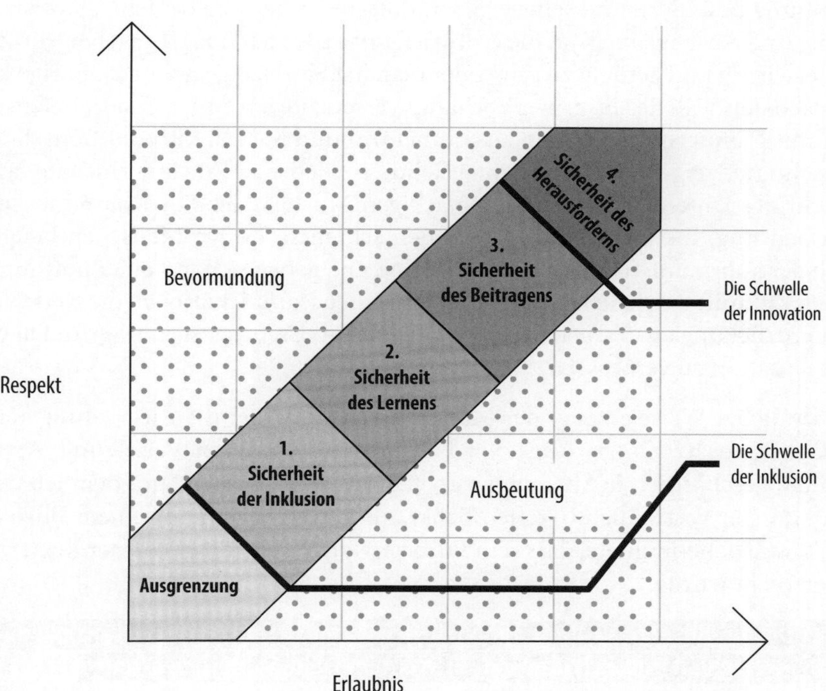

Abbildung 13: Mögliche Gefahren, wenn Respekt und Erlaubnis niedrig sind

Psychologische Sicherheit erfordert sowohl Respekt als auch die Erlaubnis als Voraussetzung zur Partizipation. Das eine ohne das andere schafft ein gefährliches Ungleichgewicht, das den Menschen auf unterschiedliche Weise schadet. Ein schwerwiegender Mangel an Erlaubnis bringt ein Team in die Sackgasse der Bevormundung, während ein schwerwiegender Mangel an Respekt es in die Sackgasse der Ausbeutung führt (Abbildung 13). In beiden Fällen fehlt es der Organisation an Motivation, Vertrauen und Zusammenhalt, um Höchstleistungen zu erbringen.

Schlüsselprinzip: Die Sackgassen der Bevormundung und Ausbeutung führen die Organisation in eine Atmosphäre von Angst.

Der Mangel an Erlaubnis durch Bevormundung erzeugt die Angst vor sozialer Isolation. Wenn man ständig gesagt bekommt, was man zu tun hat, gewöhnt man sich daran und wird allmählich passiv und unsicher. Die Vorstellung, selbstständig zu sein, wird zunehmend beängstigend. Man sucht mehr nach Bequemlichkeit als nach Freiheit, mehr nach Sicherheit als nach Unabhängigkeit.

Wie kann der soziale Druck, sich anzupassen, stärker sein als das Recht, seine Meinung zu äußern und seine eigenen Entscheidungen zu treffen?[1] Bevormundung und Ausbeutung sind die Antwort. Entweder hat man Ihnen beigebracht, unterwürfig und gefügig zu sein, oder man hat Sie dazu gezwungen. Einige Jahre nach dem Fall des Eisernen Vorhangs verbrachte ich einige Zeit in Polen. Als ich mit Männern und Frauen zusammentraf und mehrere Produktionsstätten besichtigte, zeigte sich der nachwirkende sowjetische Einfluss und die lange Nacht der Unterdrückung in hartnäckigen Mustern der Bevormundung und Ausbeutung, die nicht zu verschwinden schienen. Einige Menschen beugten sich der kommunistischen Bevormundung und gaben sich mit einer hoffnungslosen Zukunft zufrieden. Andere blieben unbeugsam, schüttelten die Ketten der Unterdrückung ab und waren damit beschäftigt, Unternehmen zu gründen und die Situation zu verbessern.

In ähnlicher Weise erzeugt der Mangel an Respekt, der die Ausbeutung kennzeichnet, zusätzlich zur Angst vor Isolation die Angst vor Verletzung. Als ich einmal geschäftlich in Shanghai war, erzählte mir der Herr, mit dem ich mich traf, dass er vertrauliche Treffen lieber auf der Straße als in seinem Büro abhielt, weil er befürchtete, dass sein Büro verwanzt war und er von der Regierung überwacht wurde.

Sowohl der Bevormundung als auch der Ausbeutung fehlt das ausgewogene Maß an Respekt und Erlaubnis, das psychologische Sicherheit schafft. Das führt dazu, dass Einzelpersonen und Organisationen unter ihrem Potenzial arbeiten. Ich habe eine Frau interviewt, die unter einem repressiven und autokratischen Regime in Südamerika gelebt und gearbeitet hat. „Man hat uns nie erlaubt, kreativ zu sein“, sagte sie. Die Muster der Bevormundung und Ausbeutung sind universell, sie sind in jeder Gesellschaft zu finden und durchdringen jede Kultur. Schauen wir uns diese beiden Muster einmal genauer an.

Die Sackgasse der Bevormundung

Bevormundung bedeutet, dass man Ihnen sagt, was Sie tun sollen, angeblich in Ihrem eigenen Interesse. Eine höhere Autorität wird Ihre Bedürfnisse befriedigen oder Ihr Verhalten regeln, weil sie Ihnen nicht zutraut, dass Sie es selbst tun können.[2] Gesetze sind die häufigste Form der Bevormundung. Sie müssen 18 Jahre alt sein, um wählen zu dürfen. Sie müssen einen Sicherheitsgurt anlegen. Man darf nicht in einer Flutwelle schwimmen. Das sind vernünftige Maßnahmen, aber ich möchte Ihnen einige weniger einleuchtende Beispiele für geltende Gesetze nennen: Man darf nicht selbst tanken, man darf Bigfoot nicht belästigen, man darf Brathähnchen nur mit bloßen Händen essen, man darf nach Sonnenuntergang nicht rückwärtsgehen.

Oft wird uns gesagt, dass wir einen wohlwollenden Elternteil, Lehrer, Trainer oder Chef brauchen, der uns beschützt, unsere Freiheit verwaltet und unsere Handlungen lenkt, damit wir uns selbst und andere nicht verletzen, vor allem nicht mit Brathähnchen. Es gibt sicherlich Zeiten, in denen diese Art von wohlwollender Bevormundung gerechtfertigt ist. Erinnern Sie sich an meinen Sohn, der für seinen Führerschein üben musste? Er bekam ihn, und als wir ihn bei der Behörde abholten, machte ihm die Frau, die den Führerschein ausstellte, sehr deutlich, dass seine Eltern das Recht hätten, ihm den Führerschein jederzeit zu entziehen. Die Macht der Bevormundung ist oft gut und notwendig. Sie schützt uns, bis wir klug genug sind, uns selbst zu schützen.

Schlüsselfragen: Zeigen Sie Anzeichen von unnötiger Bevormundung gegenüber einer Gruppe oder Person? Warum tun Sie das?

Fehlgeleitete Bevormundung bedeutet, dass wir dem Einzelnen einen gewissen Respekt zollen, ihm aber die Entscheidungsgewalt vorenthalten. Es gibt eine Zeit und einen Ort für angemessene Bevormundung, aber wenn sie fortgesetzt wird, nachdem die betreffende Person die Fähigkeit bewiesen hat, zu lernen, einen Beitrag zu leisten oder ohne viel Anleitung und Führung innovativ zu sein, ist es an der Zeit, sich zurückzuziehen. Und nicht nur das: Es ist an der Zeit, dem Einzelnen zuzuhören, ihn zu ermutigen und zu bestärken. Wenn Sie durch äußere Motivation kontrolliert werden, suchen Sie außerhalb Ihrer selbst nach Bestrafungen oder Belohnungen.[3] Man wird seiner Autonomie beraubt und damit auch seines inneren Antriebes zum Handeln.

Schlüsselprinzip: Unnötige Bevormundung birgt die Gefahr, Abhängigkeit und erlernte Hilflosigkeit auf der einen Seite und Frustration und Rebellion auf der anderen Seite zu erzeugen.

Das Hochschulwesen, das Gesundheitswesen und die öffentliche Verwaltung sind Sektoren, die sich durch Professionalität, Kompetenz und einen ausgeprägten Sinn für Kollegialität auszeichnen. Aber diese Bereiche sind auch risikoscheuer als der Privatsektor und haben in der Regel keine etablierten Normen oder Verfahren für die Präsentation oder Prüfung neuer Ideen. Sie neigen dazu, ein „Bitte nicht stören"-Schild an die Tür zu hängen, sich zu einer Kultur der „Nettigkeit" zusammenzuschließen und mit Bevormundung zu führen.

Ich habe mit vielen Universitäten, Gesundheitseinrichtungen und Regierungsbehörden zusammengearbeitet und bin immer wieder auf dieses Muster gestoßen. Organisationen des Gesundheitswesens haben den Auftrag, das Leben zu verlängern und keinen Schaden anzurichten, und doch werden die meisten Krankenhäuser von einer zerrütteten autoritären Kultur beherrscht, die sich nicht von der in meinem Stahlwerk unterscheidet. Ähnlich verhält es sich mit Hochschulen, die sich dem Auftrag von Bildung und Forschung verschrieben haben und dazu neigen, auf Konsens zu setzen. Der tief verwurzelte Sinn für den Respekt, den diese Institutionen der Menschheit entgegenbringen, ist über jeden Zweifel erhaben. Sie tun sich jedoch schwer mit der Art und Weise, wie sie ihren Mitgliedern die Erlaubnis zum Lernen, zur Teilnahme und vor allem zur Innovation erteilen. Jeder Sektor ist tief verwurzelt in einer Tradition des zähen, schrittweisen Wandels und der bevormundenden Führung. Wenn Sie nicht glauben, dass Bevormundung in stürmischen Zeiten eine Belastung ist, bedenken Sie, dass 84 gemeinnützige Hochschuleinrichtungen in den Vereinigten Staaten seit 2016 ihre Pforten geschlossen haben oder zusammengelegt wurden.[4]

In diesen Bereichen werden die Menschen nicht aus Angst davon abgehalten, den Status quo infrage zu stellen, sondern durch Gleichgültigkeit. Die Führenden hören sich Ideen an, tolerieren Debatten, äußern sich anerkennend über vorgeschlagene disruptive Vorgehensweisen, nehmen alles zur Kenntnis und lächeln. Und dann passiert nicht viel. Das Ergebnis ist, dass die Menschen sich nicht aus Angst selbst zensieren, sondern einfach aus Frustration innerlich kündigen oder die Organisation verlassen.

Ich habe ein Jahr lang an einer organisationalen Umstrukturierung in einem führenden Forschungskrankenhaus mitgewirkt. Sowohl auf der klinischen als auch auf der administrativen Seite des Hauses haben wir Monate damit verbracht, Übergangspläne zu erstellen, die die Organisation von ihrem derzeitigen Zustand in einen besseren bringen sollten. Wir hatten langfristige strategische Pläne, kurzfristige taktische Pläne und sogar kurzfristige operative Pläne, die Aufgaben, Termine und andere Details enthielten. Nach all diesen Vorbereitungen kam das Führungsteam zu mir und sagte: „Wir glauben einfach nicht, dass die Organisation für den Übergang bereit ist. Wir werden darüber nachdenken, es im nächsten Jahr zu tun."

Was dieses Krankenhaus gelernt hatte, ist die Lektion, die die meisten bevormundenden Führungskräfte irgendwann lernen: Bevormundung ist kurzfristig sicher, wird aber auf lange Sicht gefährlich. Durch Ihr Wohlwollen unterbrechen

Sie den Fluss des lokalen Wissens, das Ihnen aus der allgemeinen Mitarbeiterschaft der Organisation zufließt, leiden unter den Folgen der Isolation und finden sich später in einer Krise wieder.

Das Gesundheitswesen, die Hochschulbildung und Verwaltung sind gute Beispiele für Bevormundung, aber es gibt sie in allen Branchen und Sektoren. In den meisten bevormundenden Gesellschaften gibt es einen starken Respekt vor Autoritäten und den Wunsch, die Vergangenheit zu ehren. Die Menschen versuchen, zu jeder Bitte ja zu sagen, weil sie nicht illoyal erscheinen wollen. Nein zu sagen ist eine unpopuläre Antwort, und niemand will sich der gesellschaftlichen Missbilligung aussetzen. Mit der Zeit führt die Bevormundung zu einer geringen Toleranz gegenüber Offenheit und einem Mangel an Mut. Wenn dieses Verhaltensmuster weit verbreitet und tief institutionalisiert ist, erhöht es das Risiko und führt oft zu einer Krise.

Mit Ausnahme von Naturkatastrophen kündigt sich fast jede menschliche Krise im Voraus an. In bevormundenden Organisationen bleiben die Warnungen oft ungehört. Skandale und Unternehmenszusammenbrüche kommen nicht aus heiterem Himmel. Warum sollte eine Organisation wiederholt nicht auf Frühwarnzeichen reagieren? Agile, wachsame Organisationen reagieren. Schwerfällige, bevormundende Unternehmen tun das nicht.

Die Sackgasse der Ausbeutung

Ausbeutung verbindet hohe Erlaubnis mit geringem Respekt. Sie ist in der Regel durch die universelle Versuchung zur Willkür motiviert – den Drang, andere zu kontrollieren, um sich zu bereichern und zu befriedigen.

> **Schlüsselprinzip:** Ob im persönlichen Leben oder in Organisationen, Ausbeutung erfordert ein unterdrückendes System, mit dem Menschen entweder durch Manipulation oder Zwang Werte entzogen werden können.

Die Ausbeutung erfolgt in verschiedenen Abstufungen, aber sie basiert immer auf dem egoistischen Ehrgeiz des Ausbeutenden. James Madison erinnerte uns in *Federalist Paper 10* daran, dass „aufgeklärte Staatsmänner nicht die absolute Macht innehaben". Denken Sie an Jack Ma, den Gründer des chinesischen Internetgiganten Alibaba, und seine Werbung für die sogenannte 996-Arbeitszeit: Sie arbeiten von 9 Uhr morgens bis 9 Uhr abends, sechs Tage die Woche, ohne Überstundenvergütung. Ist es nicht interessant, dass er dies als „Philosophie" bezeichnet, um dieser Form von Ausbeutung mehr Legitimität zu verleihen? In ähnlicher Weise hat mein Neffe kürzlich eine Stelle bei einer großen Investmentbank angetreten und musste jeden Tag von 6 bis 21 Uhr arbeiten. Werden in diesem Fall die Bedürfnisse der Menschen in irgendeiner Weise berücksichtigt? Nein, es geht um die reine Gewinnung von Nutzen. Die Asymmetrie in der Art und Weise, wie Werte geschaffen und erfasst werden, ist ein untrügliches Zeichen. Wenn Akquisitionen zur Sucht werden, richten Unternehmenschefs ihre Organisationen nur auf die Umsätze ihrer Aktionäre aus.[5] Das ist der Anfang und das Ende ihrer unternehmerischen Verantwortlichkeit, die oft zu räuberischen Tendenzen gegenüber den Mitarbeitenden führt.

Mich beunruhigt die Tatsache, dass Menschen darauf konditioniert werden können, Ausbeutung zu akzeptieren, was zu einer Normalisierung des Missbrauchs führt. Denken Sie an die Worte des großen russischen Schriftstellers Alexander Solschenizyn: „Die Bauern sind ein schweigendes Volk, sie haben keine literarische Stimme und schreiben auch keine Beschwerden oder Memoiren."[6] Er mag über eine andere Zeit und einen anderen Ort gesprochen haben, aber das Muster ist dasselbe: Wenn Ausbeutung erlaubt ist, lernen die Menschen, sie klaglos hinzunehmen. Selbst diejenigen, die früher ausgebeutet wurden, können zu Verteidigern der Ausbeutung werden, die sie erleiden. Verwirrend wird es dann, wenn sich bei Führenden Taten der Freundlichkeit und Großzügigkeit mit Taten der Gewalt und des Missbrauchs abwechseln. Auf diese Weise wird die Ausbeutung aufrechterhalten.

Schlüsselprinzip: Ausbeutung ist der Vorgang, bei dem aus einem anderen Menschen ein Wert herausgeholt wird, während die ihm innewohnende Würde außer Acht gelassen wird.

In der bürgerlichen Gesellschaft sind die meisten Formen der Zwangsausbeutung illegal und daher weniger sichtbar. Ironischerweise haben wir die bürgerliche Gesellschaft offiziell von der Sklaverei befreit, und dennoch ist der Menschenhandel mit schätzungsweise 40 Millionen Menschen, die in Zwangsarbeit und Zwangsdienstbarkeit arbeiten, so hoch wie nie zuvor. Die häufigsten Formen der Ausbeutung sind jedoch nicht illegal, sondern lediglich unmoralisch. Sie nehmen die Form von Grobheit, Unfreundlichkeit, Unhöflichkeit und Missbrauch an und fordern einen erschreckenden Tribut. Christine Porath und Christine Pearson beispielsweise zeigen in ihrer Studie, dass 98 Prozent der Arbeitnehmerinnen und Arbeitnehmer unfreundliches Verhalten am Arbeitsplatz erlebt haben. Die Hälfte gibt an, mindestens einmal pro Woche am Arbeitsplatz unfreundlich behandelt worden zu sein.[7]

Schlüsselfragen: Zeigen Sie Anzeichen von Ausbeutung gegenüber einer Gruppe oder Person? Warum tun Sie das?

Die Gefahren im Land der falschen Gemeinschaft

Ich habe im Vorwort gesagt, dass der Mensch sich danach sehnt, dazuzugehören. Aber diese Sehnsucht kann zu weit getrieben werden. Wenn andere unser Bedürfnis nach Zugehörigkeit ausnutzen, kommt der Punkt, an dem wir „Tschüss!“ sagen müssen. Dann ist es viel besser, ohne Anerkennung zu leben, weil diese Anerkennung vorgetäuscht und destruktiv ist. Wie der Philosoph Terry Warner zu Recht bemerkt hat, „wird Anerkennung als Erleichterung dieser Unsicherheit dargestellt“.[8] Irgendwann müssen wir einfach aufhören, uns darum zu kümmern, was andere denken. Andernfalls werden wir anfällig für weitere Ausbeutung, geben anderen die Macht, uns zu kontrollieren oder zu manipulieren, und machen uns zu Opfern. Soziale Anerkennung, Zugehörigkeit und Verbundenheit sind Bedürfnisse. Aber niemand braucht wirklich ständige Bestätigung. Wenn Ihre größte Angst darin besteht, allein zu sein, sind Sie eine leichte Beute für eine Kultur der Täuschung, und Sie täten gut daran, sich vom sozialen Spiegel zu lösen. In der digitalen Welt ist es überlebenswichtig, in seiner eigenen Gesellschaft glücklich zu sein. Wenn nötig, ist eine gesunde Ablehnung der gängigen Meinung etwas wunderbares.

> **Schlüsselprinzip:** Wir sehnen uns nach Aufmerksamkeit, auch wenn es manchmal die falsche ist. Aufmerksamkeit allein befriedigt nie, aber sie kann tief verletzen.

Mein Sohn kam eines Tages von der Schule nach Hause und sprach darüber, wie viele Follower seine Freunde auf Instagram haben. Dann erzählte er mir, dass einige von ihnen die Kreditkarten ihrer Eltern benutzen, um Follower zu kaufen. Als wäre das nicht schon alarmierend genug, sagte er, dass einige der Eltern dies sogar noch unterstützen. Der Like-Button ist zu einem Altar der Anbetung geworden.

Wenn Sie glücklich sein wollen, müssen Sie sich manchmal höflich abgrenzen, um sich selbst zu schützen. Jeder, der glaubt, dass sein innewohnender Wert sinkt, wenn er nicht ständig von anderen bestätigt wird, versteht nicht, was „innewohnend“ bedeutet.[9]

Viele Menschen sind bereit, Sie zu beschämen, wenn Sie sich nicht in ihre Reihen einreihen, nicht tun, was sie tun, nicht denken, was sie denken, oder nicht tragen, was sie tragen. Wenn Ihr Glück von der öffentlichen Meinung abhängt, bereiten Sie sich darauf vor, unglücklich zu sein.

Eine beschämende Kultur verlangt Gehorsam und verachtet diejenigen, die es wagen, diese Gesellschaft zu verlassen. An einem solchen Ort beruhen die Beziehungen auf der Erwiderung von Schmeicheleien und falschem Lob. In diesem Feld der Realitätsverzerrung, das wir uns selbst auferlegt haben, versorgen wir unsere Nächsten mit Fiktionen, und sie uns. Wir ernähren uns vom

Schein und von selbstgeschaffenen Bildern und trinken den starken Wein des Selbstbetrugs. Wenn Sie in einer solchen Versammlung von Feiglingen leben oder arbeiten, denken Sie bitte daran, dass die Menschen schon immer soziale Einheiten geschaffen haben, in denen jeder willkommen, der Eintritt frei, aber die Wahrheit verboten ist. Sie können jeder sein, der Sie sein wollen, nur nicht Ihr wahres und authentisches Selbst.

Im Land der falschen Gemeinschaft schöpfen die Mitglieder ihr Identitätsgefühl aus dem gemeinsamen Gefühl der Überlegenheit, das sie für sich selbst empfinden, und dem gemeinsamen Gefühl der Verachtung, das sie für andere empfinden. Die Beziehungen sind oberflächlich und die Loyalität an Bedingungen geknüpft. Menschen gehen diese Beziehungen ein, um von der Wahrheit über sich selbst abzulenken.

Schlüsselprinzip: Im Land der falschen Gemeinschaft ersetzt unnatürlicher Wettbewerb die natürliche Zuneigung.

Was aber, wenn Sie sich bereits im Land der falschen Gemeinschaft befinden? Was ist, wenn Sie sich in einer Beziehung befinden, der Sie entkommen müssen, wenn Sie missbräuchliche Behandlung ertragen und destruktives Verhalten tolerieren? Was können Sie tun? Verstehen Sie zunächst, dass die andere Partei oft versuchen wird, Sie davon zu überzeugen, dass Sie sie brauchen oder dass Sie ihre Behandlung akzeptieren müssen. Bereiten Sie sich auf geschickte Manipulationen vor. Die Kontrollreaktion ist so vorhersehbar wie der Sonnenaufgang. Wie es im Lied der Eagles heißt: „Du kannst dich jederzeit abmelden, wenn du willst. Aber du kannst niemals gehen."[10] Die Wahrheit ist, dass Sie gehen können.

Wenn Sie ausgebeutet, missbraucht oder belästigt werden, wird Ihnen der Respekt und die Erlaubnis verweigert, die Ihnen als Mensch zustehen. Wenn sich das nicht ändert, sollten Sie sich selbst Sicherheit geben. Manchmal bedeutet das, dass man allein dasteht, wirtschaftliche Einbußen hinnehmen muss, missverstanden wird oder seinen Ruf in Mitleidenschaft zieht. In meinem eigenen Berufsleben habe ich den psychologischen Terrorismus in seiner schlimmsten Form erlebt und beobachtet, wie er das Selbstwertgefühl zerstört und Initiativkraft und Kreativität erstickt. Ich habe mit Geschäftspartnern zusammengearbeitet, die von Gier und ungezügeltem Ehrgeiz getrieben wurden und es nicht für ein Verbrechen hielten, eine Spur der wirtschaftlichen und emotionalen Verwüstung zu hinterlassen. Es hat Zeiten gegeben, in denen ich zu vertrauensvoll war und die Warnzeichen für Hintergedanken und böse Absichten nicht erkannt habe. Wir alle sind schon einmal von einer unsicheren Führungskraft, einem grausamen Heuchler oder einem schmalspurigen, gierigen Ausbeuter ausgenutzt worden. Früher oder später finden wir uns in einer roten Zone wieder, in der wir verletzt und gedemütigt werden.

Als Mitreisende auf diesem Weg unterstützen wir uns gegenseitig. Wie ich im Vorwort sagte, wir sind alle verwundet und schuldig. Aber wenn die Verletzung absichtlich und kontinuierlich geschieht, ist das Missbrauch. Dann ist es an der Zeit, Grenzen zu ziehen und die Bedingungen für den Umgang miteinander zu ändern. Ich kann unmöglich den riesigen Ozean menschlichen Leids aufzählen, und ich habe volles Verständnis für die drohende reale Gefahr. In meiner ehrenamtlichen Arbeit habe ich Missbrauchsopfern unter tragischen Umständen geholfen und die Trümmer gesehen, die sie umgeben. Letzten Endes können und müssen wir uns selbst helfen.

Niemand ist ein Niemand. Ob Sie akzeptiert werden oder nicht, Sie sind akzeptabel. Wenn Sie ein Mensch sind, sind Sie genug. Aber Sie müssen handeln, um sich zu schützen. Hier sind einige Vorschläge:

- Lieben Sie sich zuerst selbst. Geben Sie sich selbst die Sicherheit der Inklusion – den Respekt und die Erlaubnis, die Sie von Natur aus verdienen. Wenn andere Ihnen keine psychologische Sicherheit geben, müssen zumindest Sie es tun, während Sie daran arbeiten, Ihre Umstände zu verändern.
- Seien Sie wachsam gegenüber den Motiven Ihrer Mitmenschen. Wenn Sie beobachten, dass sich andere Ihnen gegenüber böswillig verhalten, auch wenn es sich nur um erste Anzeichen handelt, reagieren Sie frühzeitig, um das Verhalten zu konfrontieren oder sich aus der Situation zu entfernen.
- Glauben Sie nicht, dass Sie eine missbräuchliche Behandlung akzeptieren müssen. Das ist eine Lüge. Tun Sie alles, was in Ihrer Macht steht, um sich zu schützen.
- Lernen Sie, in Ihrem Widerstand resilient zu sein. Während Sie daran arbeiten, sich von ungesunder Behandlung zu befreien, wehren Sie sich auf gesunde Weise. Aufgrund der Verletzungen, der Wut, der Schuldgefühle, des Selbsthasses und der Ängste, die Menschen als Folge von sozialer und emotionaler Verfolgung erleiden, greifen sie oft auf ebenso ungesunde Reaktionsmuster zurück. Das macht alles nur noch schlimmer. Vermeiden Sie Drogen und alle Formen von Selbstverletzung und Maßlosigkeit. Fügen Sie sich selbst nicht noch mehr Leid zu.
- Wenn Sie sich beherrscht, kontrolliert oder gefangen fühlen, ohne dass es ein Entfliehen zu geben scheint, suchen Sie nach einem Ausweg oder gehen Sie sofort. In der Zwischenzeit sollten Sie sich weigern, schädliche Gedanken über sich selbst zu hegen. Sie können schließlich alles heilen und überwinden.
- Finden Sie vertrauenswürdige, glückliche Menschen, die wirklich an Ihrem Erfolg interessiert und bereit sind zu helfen. Beraten Sie sich mit ihnen, wenn Sie Entscheidungen treffen und Optionen abwägen.

Schlüsselfragen: Haben Sie sich jemals im Land der falschen Gemeinschaft gefangen gefühlt? Wie lange sind Sie dortgeblieben? Wie sind Sie herausgekommen?

60 Milliarden Interaktionen pro Tag

Die Weltbevölkerung liegt bei über acht Milliarden Menschen. Jeden Tag haben diese acht Milliarden Menschen schätzungsweise 60 Milliarden Interaktionen miteinander. Bei jeder Interaktion gewähren wir ein gewisses Maß an Respekt und Erlaubnis, was ein gewisses Maß an psychologischer Sicherheit bestimmt. Jede einzelne dieser Interaktionen nährt oder vernachlässigt das menschliche Potenzial.

Je mehr psychologische Sicherheit wir schaffen, desto mehr genießen wir die Vorteile einer erfüllten Verbundenheit, Zugehörigkeit und Zusammenarbeit. Je weniger wir sie schaffen, desto mehr leiden wir unter der Bitterkeit und dem Stachel der Isolation.

Wir scheinen in einem existenziellen Nebel festzustecken, in dem die komplexe soziale Matrix, in der wir unser Leben führen, unsere größte Herausforderung darstellt. Wir allein sind verantwortlich für die Widersprüche, die wir untereinander schaffen, und dennoch vergießen wir weiterhin emotionales Blut, nicht nur gelegentlich, sondern ständig. Leben wir im Mittelalter? Sind wir nicht an Weisheit gereift?

Die psychologische Sicherheit beruht auf der moralischen Grundlage, dass wir unseren Mitmenschen mit Respekt begegnen und ihnen die Erlaubnis geben, dazuzugehören und ihren Beitrag zu leisten. Das heißt nicht, dass wir schamloses oder schädliches ethisches Fehlverhalten dulden oder dass wir die Fähigkeiten und Leistungen der anderen nicht beurteilen. Das müssen wir tun. Wir sind alle verantwortlich. Aber wenn es um Würde geht, verdienen Menschen Respekt, weil sie Menschen sind. In dem Moment, in dem wir beginnen, uns gegenseitig abzuwerten, zu objektivieren oder zu entmenschlichen, geben wir die Menschlichkeit auf. Sagen Sie mir nicht, Sie hätten ein Unternehmen zu leiten oder Ergebnisse zu liefern. Sagen Sie mir nicht, dass Sie wichtig sind. Sagen Sie mir nicht, dass hier viel auf dem Spiel steht, oder dass Sie unter Druck stehen, oder dass bei ihnen ein roter Knopf gedrückt wurde, oder dass Sie dazu neigen, heftige Nervenzusammenbrüche zu bekommen. Wenn Sie irgendeine Ausrede vorbringen, um die psychologische Sicherheit nicht zu erhöhen, dann ist Ihnen etwas anderes wichtiger als das Menschsein. Denken Sie zum Beispiel an die 35 Mitarbeiter von France Télécom, die sich vor einigen Jahren das Leben genommen haben, weil sie unerbittlich und systematisch schikaniert wurden.[11] Anstatt einen unterstützenden, humanen Arbeitsplatz zu schaffen, entmenschlichten die Führungskräfte ihre untergeordneten Kolleginnen und Kollegen durch institutionalisierte Unterdrückung, was tragische Folgen hatte.

Wir können uns in ein warmes Bad der Selbstzufriedenheit legen und unser schlechtes Verhalten auf Persönlichkeit, Arbeitsstil, Druck, Stress, Angst, Fristen oder eine benachteiligte Vergangenheit schieben. Willkommen im Menschsein. Solche Erfahrungen geben uns keinen Freifahrtschein. Denken Sie daran, dass wir keinen Sonderstatus beanspruchen können. Aber ist es nicht genau das, was wir tun, wenn wir uns weigern, einem anderen Menschen psychologische Sicherheit zu gewähren? Genauso wie wir uns hinter dem Deckmantel der Toleranz oder der politischen Korrektheit verstecken, nur um diejenigen zu beschimpfen, die unsere Werte oder Ziele nicht teilen.

Die 75 Jahre währende Harvard-Studie über das menschliche Glück, die jetzt in der vierten Generation durchgeführt wird, hat festgestellt, was wir bereits intuitiv wissen: Der Leiter der Studie, Robert Waldinger, fasst zusammen: „Die klarste Botschaft, die wir aus dieser 75-jährigen Studie erhalten, ist diese: Gute Beziehungen machen uns glücklicher und gesünder."[12] Es sind die Beziehungen, die uns letztlich nachhaltig glücklich machen. Mit ihren regenerierenden und heilenden Kräften ist die Pflege von Beziehungen die einzige nicht-pharmazeutische Therapie, der einzige erlösende Akt, der uns immer noch die meiste Freude bereitet.

Ein wachsender Bedarf an Führungskräften, die psychologische Sicherheit schaffen

Was kommt Ihnen bei dem Ausdruck *menschliches Potenzial* in den Sinn? Denken Sie an das Potenzial der Menschen in Ihrer Umgebung – Ihre Familie, Freunde, Nachbarn, Klassenkameraden, Kolleginnen. Egal, ob Sie sich für diese Potenziale interessieren oder nicht, Sie haben einen Einfluss auf das Potenzial dieser Menschen, und andere haben einen tiefgreifenden Einfluss auf Ihr Potenzial. Die Menschen, mit denen man die meiste Zeit verbringt, sind diejenigen, die man am meisten beeinflusst. Aber auch diejenigen, die Sie nur selten sehen, selbst diejenigen, mit denen Sie vielleicht nur eine zufällige Begegnung hatten, können durch Ihren Einfluss tiefgreifend beeinflusst werden. Schon ein paar Worte können ein Leben verändern. Durch unsere Interaktionen kultivieren oder vernichten wir Potenzial. Das bringt uns immer wieder auf das Konzept der psychologischen Sicherheit zurück.

In Zukunft wird die Nachfrage nach Führungskräften, die in ihren Teams und Unternehmen ein hohes Maß an psychologischer Sicherheit schaffen, zunehmen. Diese Nachfrage ist die natürliche Folge des Wettbewerbs in einem hochdynamischen Umfeld, das auf ständige Innovation angewiesen ist. Sie ist auch die natürliche Folge von hochintelligenten Menschen, die einen Chef zu viel hatten, der vor Ego und Kontrollzwang trieft.

Schlüsselprinzip: Auf individueller Ebene brauchen wir persönliche Erfüllung und Glück. Auf organisationaler Ebene brauchen wir Innovation und einen dauerhaften Wettbewerbsvorteil.

Tatsächlich erleben wir gerade den Beginn eines Wandels in der Art und Weise, wie viele der besten Organisationen der Welt ihre Führungskräfte auswählen. Dieser Wandel widerspricht der herkömmlichen Vorstellung, dass eine Führungspersönlichkeit ein charismatischer, ehrgeiziger Träger von Visionen und Antworten sein muss. Tatsächlich wird der traditionelle Archetyp einer Führungskraft, der auf dem monarchischen Konzept von Führung basiert und von Selbstüberschätzung und Überzeugungsfähigkeit gekennzeichnet ist, schnell zum Berufsrisiko. Das Hauptmerkmal dieser neuen Führungskraft ist eine Person, die über eine hervorragende emotionale Intelligenz und ein stark kontrolliertes Ego verfügt.

Schlüsselfrage: Praktizieren Sie das monarchische Konzept von Führung oder haben Sie sich zu einer höheren Entwicklungsstufe entwickelt, die auf emotionaler Intelligenz und einem kontrollierten Ego beruht?

Eine wachsende Zahl von Forschungsergebnissen bestätigt, dass emotionale Intelligenz psychologische Sicherheit in der Organisation schafft, die als vermittelnde Variable die Innovation beschleunigt. In Märkten mit äußerst hohem Wettbewerb ist Innovation der Garant für das Überleben und die Triebfeder des Wachstums. Die Führungskraft des 21. Jahrhunderts muss daher in der Lage sein, in diesem Kontext als Beispiel für Zusammenarbeit, kreative Reibung und Bescheidenheit zu wachsen.

Die Verhaltensweisen von Befehl und Kontrolle, die in vielen Industrien gewachsen sind, und von wohlwollender Bevormundung sterben einen schmachvollen Tod, weil sie den Instinkt zur Selbstzensur aktivieren und die Fähigkeit zur Innovation ausschalten. Wenn wir nicht eine höhere Toleranz für Offenheit kultivieren, können wir die Menschen nicht davon überzeugen, ihre freiwillig erbrachten Bemühungen einzubringen. Sie sind bereits überaus wachsam gegenüber jeder Bedrohung. Die wichtigste Frage bei der Auswahl einer Führungspersönlichkeit wird also schnell zu der folgenden: Schafft oder zerstört die Person psychologische Sicherheit und fördert oder hemmt sie damit die Innovation? In einem Brief an die Mitarbeitenden hat Satya Nadella, der CEO von Microsoft, den Geist der psychologischen Sicherheit und den Weg zu Integration und Innovation so zum Ausdruck gebracht: „Zusammen müssen wir unsere gemeinsame Menschlichkeit umarmen und danach streben, eine Gesellschaft zu schaffen, die von Respekt, Empathie und Chancen für alle erfüllt ist.“[13]

Pluralismus ist unsere Realität. Lassen Sie uns in unserer Hierarchie der Loyalitäten über persönliche und stammesbedingte Unterschiede hinweg denken und unser zentrales Band, die Zugehörigkeit und Verbundenheit, die am wichtigsten ist, stärken: das Band der Zugehörigkeit zur menschlichen Familie.

Lassen Sie mich auf den Aufruf zum Handeln zurückkommen, den ich zu Beginn des Buches geäußert habe. Ich habe Sie aufgefordert, eine gründliche persönliche Bestandsaufnahme Ihres Verhaltens gegenüber anderen vorzunehmen, insbesondere gegenüber Fremden oder solchen, gegen die Sie eine anhaltende Voreingenommenheit oder ein Vorurteil haben.

1. **Die Sicherheit der Inklusion:** Sind Sie bereit, die Schwelle zur Inklusion zu überschreiten, Unterschiede zu überbrücken und andere in Ihre Gesellschaft einzuladen?
2. **Die Sicherheit des Lernens:** Sind Sie bereit, andere zum Lernen zu ermutigen?
3. **Die Sicherheit des Beitragens:** Sind Sie bereit, anderen die nötige Autonomie zu geben, damit sie ihren Beitrag leisten und Ergebnisse erzielen können?
4. **Die Sicherheit des Herausforderns:** Und schließlich: Sind Sie bereit, die Schwelle zur Innovation zu überschreiten und anderen die Möglichkeit zu geben, den Status quo infrage zu stellen und Innovationen zu gestalten?

Lassen Sie mich abschließend eine alte Fallstudie zur psychologischen Sicherheit erzählen. Unabhängig von Ihrer religiösen Überzeugung ist die Geschichte sehr eindrucksvoll. Im Neuen Testament, in der Apostelgeschichte, wird Petrus, ein Jude, zu Kornelius, einem römischen Centurio, gebracht. Petrus war mit dem Verständnis aufgewachsen, dass Nicht-Juden gemein oder unrein waren. Er hatte sein ganzes Leben in einer Gesellschaft gelebt, die auf diesem Paradigma und Vorurteil basierte. Doch als Petrus Kornelius begegnet, sagt er: „Ihr wisst, dass es für einen Juden verboten ist, mit einem anderen Volk Umgang zu haben oder zu ihm zu kommen; aber Gott hat mir gezeigt, dass ich keinen Menschen gemein oder unrein nennen soll.“[14]

Alexander der Große bemerkte, dass es „keine Welten mehr zu erobern“ gäbe. Zumindest eine gibt es – die Neigung, sich gegenseitig zu erobern.

Die größte Quelle der Erfüllung im Leben liegt darin, andere einzubeziehen, ihnen beim Lernen und Wachsen zu helfen, ihr Potenzial freizusetzen und eine tiefe Gemeinschaft zu finden. Das ist die wichtigste Lektion im Leben. Schauen Sie sich jetzt um und sehen Sie andere mit neuem Erstaunen.

Schlüsselprinzipien

- Die Sackgassen der Bevormundung und Ausbeutung führen die Organisation in eine Atmosphäre von Angst.
- Unnötige Bevormundung birgt die Gefahr, Abhängigkeit und erlernte Hilflosigkeit auf der einen Seite und Frustration und Rebellion auf der anderen Seite zu erzeugen.
- Ob im persönlichen Leben oder in Organisationen, Ausbeutung erfordert ein unterdrückendes System, mit dem Menschen entweder durch Manipulation oder Zwang Werte entzogen werden können.

- Ausbeutung ist der Vorgang, bei dem aus einem anderen Menschen ein Wert herausgeholt wird, während die ihm innewohnende Würde außer Acht gelassen wird.
- Wir sehnen uns nach Aufmerksamkeit, auch wenn es manchmal die falsche ist. Aufmerksamkeit allein befriedigt nie, aber sie kann tief verletzen.
- Im Land der falschen Gemeinschaft ersetzt unnatürlicher Wettbewerb die natürliche Zuneigung.
- Auf individueller Ebene brauchen wir persönliche Erfüllung und Glück. Auf organisationaler Ebene brauchen wir Innovation und einen dauerhaften Wettbewerbsvorteil.

Schlüsselfragen

- Zeigen Sie Anzeichen von unnötiger Bevormundung gegenüber einer Gruppe oder Person? Warum tun Sie das?
- Zeigen Sie Anzeichen von Ausbeutung gegenüber einer Gruppe oder Person? Warum tun Sie das?
- Haben Sie sich jemals im Land der falschen Gemeinschaft gefangen gefühlt? Wie lange sind Sie dortgeblieben? Wie sind Sie herausgekommen?
- Praktizieren Sie das monarchische Konzept von Führung oder haben Sie sich zu einer höheren Entwicklungsstufe entwickelt, die auf emotionaler Intelligenz und einem kontrollierten Ego beruht?

Quellenangaben

Vorwort

1 Als Neuankömmling erlebte ich eine Fülle von Veränderungen, Kontrasten und Überraschungen aller Art. Siehe Louis, Meryl Reis. „Surprise and Sense Making: What Newcomers Experience in Entering Unfamiliar Organizational Settings". *Administrative Science Quarterly* 25, Nr. 2 (1980): 226–51.

2 C. Wright Mills, *The Power Elite*, new edition (New York: Oxford University Press, 1956, 2000), 9.

3 Robert Conquest, *History, Humanity, and Truth: The Jefferson Lecture in the Humanities* (Stanford, CA: Hoover Press, 1993), 7.

4 Immanuel Kant hat als Vorläufer argumentiert, dass die bürgerliche Freiheit die geistige Freiheit ermöglicht. Siehe *Kant: Political Writings*, Hans Reiss, Hrsg. (Cambridge: Cambridge University Press, 2010), S. 59.

5 Moyers & Company, „Facing Evil with Maya Angelou", 13. September 2014, Video, 31:00, https://archive.org/details/KCSM_20140914_020000_Moyers__Company/start/0/end/60

6 Jake Herway, „How to Create a Culture of Psychological Safety", *Workplace*, 7. Dezember 2017, http://news.gallup.com/opinion/gallup/223235/create-culture-psychological-safety.aspx

7 Langston Hughes, *Selected Poems of Langston Hughes* (New York: Vintage Classics, 1959), 20.

8 Hannah Arendt, *Men in Dark Times* (New York: Harcourt Brace, 1993), 4.

9 Thomas Hobbes, *Leviathan*, in *The Harvard Classics: French and English Philosophers: Descartes, Rousseau, Voltaire, Hobbes*, Hrsg. Charles W. Eliot (New York: F. F. Collier & Son, 1910), 385.

10 Rowan Williams, Rede vor der Theologiekonferenz des Wheaton College, 6. April 2018, Video, 49:13, https://www.youtube.com/watch?v=R58Q_Q3KEnM

11 Matthew Stewart, „The 9.9 Percent Is the New American Aristocracy", *The Atlantic*, Juni 2018, https://www.theatlantic.com/magazine/archive/2018/06/the-birth-of-a-new-american-aristocracy/559130/

12 Siehe W. B. Yeats, „The Circus Animal's Desertion".

Einführung

1 Siehe z. B. Amy Edmondson, „Psychological Safety and Learning Behavior in Work Teams“, *Administrative Science Quarterly* 44, Nr. 2 (Juni 1999): 350–383, http://web.mit.edu/curhan/www/docs/Articles/15341_Readings/Group_Performance/Edmondson%20Psychological%20safety.pdf. Eine nützliche Übersicht über die Literatur zur psychologischen Sicherheit finden Sie in Alexander Newman, Ross Donohue, Nathan Evans, „Psychological Safety: A Systematic Review of the Literature,“ *Human Resource Management Review* 27, no. 3 (September 2017): 521–535, https://www.sciencedirect.com/science/article/abs/pii/S1053482217300013; Amy C. Edmondson und Zhike Lei, „Psychological Safety: The History, Renaissance, and Future of an Interpersonal Construct“, *Annual Review of Organizational Psychology and Organizational Behavior* 1 (March 2014): 23–43; William A. Kahn, „Psychological Conditions of Personal Engagement and Disengagement at Work“, *The Academy of Management Journal* 33, no. 4 (December 1990): 692–724.

2 Carl R. Rogers, „The Necessary and Sufficient Conditions of Therapeutic Personality Change“, *Journal of Consulting Psychology* 21 (1957): 95–103.

3 Douglas McGregor, *The Human Side of Enterprise* (New York: McGraw-Hill, 1960), 37. Hier ist das vollständige Zitat: „Wenn die physiologischen Bedürfnisse eines Menschen befriedigt sind und er nicht mehr um sein körperliches Wohlergehen fürchtet, werden seine sozialen Bedürfnisse zu wichtigen Motivatoren seines Verhaltens. Dies sind Bedürfnisse wie die nach Zugehörigkeit, nach Verbundenheit nach Akzeptanz durch die Mitmenschen, nach Geben und Empfangen von Liebe.“

4 Herbert A. Simon, *Administrative Behavior* (New York: The Free Press, 1997), 214.

5 Abraham H. Maslow, „A Theory of Human Motivation“, *Psychological Review* 50 (1943), 380.

6 Siehe Kapitel 1 in Erich Fromm, *Escape from Freedom* (New York: Holt, Rineholt and Winston, 1941).

7 Arlie Russell Hochschild, *The Managed Heart: Commercialization of Human Feeling.* (Berkeley: University of California Press, 1983), 56.

8 Siehe Charles Duhigg, „What Google Learned from Its Quest to Build the Perfect Team“, *New York Times*, 25. February 2016, https://www.nytimes.com/2016/02/28/magazine/what-google-learned-from-its-quest-to-build-the-perfect-team.html. Siehe auch Project Aristotle von Google, abgerufen am 1. August 2019, https://rework.withgoogle.com/print/guides/5721312655835136/

9 Celia Swanson, „Are You Enabling a Toxic Culture Without Realizing It?“ *Harvard Business Review*, 22. August 2019. https://hbr.org/2019/08/are-you-enabling-a-toxic-culture-without-realizing-it

10 American College Health Association, „National College Health Assessment Executive Summary," Fall 2017, https://www.acha.org/documents/ncha/NCHA-II_FALL_2017_REFERENCE_GROUP_EXECUTIVE_SUMMARY.pdf

11 Siehe Marshall Sahlins, „The Original Affluent Society" (Kurzfassung) in *The Politics of Egalitarianism: Theory and Practice,* Hrsg. Jacqueline Solway (New York: Berghahn Books, 2006): 78–98.

12 William James, *The Principles of Psychology* (Boston, 1890).

13 Holly Hedegaard, Sally C. Curtin und Margaret Warner, *Suicide Mortality in the United States, 1999–2017,* NCHS data brief no. 330 (Hyattsville, MD: National Center for Health Statistics, Centers for Disease Control, November 2018), https://www.cdc.gov/nchs/data/databriefs/db330-h.pdf

14 Albert Camus in *More Letters of Note: Correspondence Deserving of a Wider Audience*, zusammengestellt von Shaun Usher (Edinburgh: Canongate und Unbound, 2017), 279.

15 Paul Petrone, „The Skills Companies Need Most in 2019", *LinkedIn Learning,* abgerufen am 1. August 2019, https://learning.linkedin.com/blog/top-skills/the-skills-companies-need-most-in-2019–and-how-to-learn-them

16 Rita Gunther McGrath, „Five Ways to Ruin Your Innovation Process", *Harvard Business* Review, 5. Juni 2012, https://hbr.org/2012/06/five-ways-to-ruin-your-inno

17 Scott D. Anthony et al., „2018 Corporate Longevity Forecast: Creative Destruction Is Accelerating," *Innosight,* 2018, 2. https://www.innosight.com/wp-content/uploads/2017/11/Innosight-Corporate-Longevity-2018.pdf

Stufe 1: Die Sicherheit der Inklusion

1 *The Impact of Equality and Values Driven Business*, Salesforce Research, 12, abgerufen am 5. August 2019, https://c1.sfdcstatic.com/content/dam/web/en_us/www/assets/pdf/datasheets/salesforce-research-2017-workplace-equality-and-values-report.pdf

2 Siehe William Law, *A Serious Call to a Devout and Holy Life* (n.p.: ReadaClassic, 2010), 244. Law unterstreicht den Punkt, dass „es keine Abhängigkeit von den Verdiensten der Menschen gibt".

3 Siehe Amartya Sen, *Identity and Violence: The Illusion of Destiny* (New York: W. W. Norton, 2006), 2–3.

4 John Winthrop, „Ein Vorbild christlicher Nächstenliebe", eine Predigt, die im April 1630 an die Pilger auf dem Weg zur Massachusetts Bay Colony gehalten wurde.

5 John Rawls, *A Theory of Justice* (Oxford: Oxford University Press, 1972), 5.

6 Und es ist das, was wir alle wählen würden, wenn wir die „ursprüngliche Position" hinter einem „Schleier der Unwissenheit" definieren müssten, wie Rawls sein Gedankenexperiment beschreibt.

[7] Jia Hu et al., „Leader Humility and Team Creativity: The Role of Team Information Sharing, Psychological Safety, and Power Distance", *Journal of Applied Psychology* 103, no. 3 (2018): 313–323.

[8] Henry Emerson Fosdick, *The Meaning of Service* (New York: Association Press, 1944), 138.

[9] Siehe Isaiah Berlin, *Concepts and Categories: Philosophical Essays* (Oxford: Oxford University Press, 1980), 96.

[10] Alex „Sandy" Pentland, „The New Science of Building Great Teams", *Harvard Business Review*, April 2012, https://hbr.org/2012/04/the-new-science-of-building-great-teams

[11] Edgar Schein, *Organizational Culture and Leadership* (San Francisco: Jossey-Bass, 2004), 15.

[12] Vaclav Havel, *The Power of the Powerless* (New York: Vintage Classics, 2018), iv.

[13] Aristoteles, *The Politics of Aristoteles,* Bd. 1, trans. B. Jowett (Oxford: Clarendon Press, 1885), 3.

[14] David McCullough, *John Adams* (New York: Simon & Schuster, 2001), 170.

[15] Thomas Jefferson selbst glaubte an seine eigene biologische Überlegenheit. Siehe *Notes on the State of Virginia,* 1781, abgerufen am 1. August 2019, https://docsouth.unc.edu/southlit/jefferson/jefferson.html

[16] EY, „Could Trust Cost You a Generation of Talent", abgerufen am 9. August 2019, https://www.ey.com/Publication/vwLUAssets/ey-could-trust-cost-you-a-generation-of-talent/%24FILE/ey-could-trust-cost-you-a-generation-of-talent.pdf.

[17] Robert Putnam, *Bowling Alone: The Collapse and Revival of American Community* (New York: Simon & Schuster, 2000), 21.

[18] Ferdinand Tönnies, *Gemeinschaft und Gesellschaft* (Leipzig: Fues's Verlag, 1887).

[19] James MacGregor Burns, *Leadership* (New York: Perennial, 1978), 11.

[20] Carol Dweck, *Mindset: The New Psychology of Success* (New York: Random House, 2006), 121.

[21] Franz Kafka, *Letters to Friends, Family, and Editors*, Richard und Clara Winston, Herausgeber, (New York: Schoken Books, 1977), 16.

[22] Nathaniel Branden, *The Six Pillars of Self-Esteem* (Bantam: New York, 1994), 7.

[23] Siehe Edward H. Chang et al., „The Mixed Effects of Online Diversity Training", *Proceedings of the National Academy of Sciences*, 116, no. 16 (16. April 2019): 7778–7783; zuerst veröffentlicht am 1. April 2019, https://doi.org/10.1073/pnas.1816076116.

[24] Paul Ekman und Richard J. Davidson, „Voluntary Smiling Changes Regional Brain Activity", *Psychological Science* 4, no. 5 (September 1993): 342–45, https://doi.org/10.1111/j.1467-9280.1993.tb00576.x

25 Siehe Oscar Peterson, „Hymn to Freedom“, im Text heißt es: „Wenn jedes Herz sich mit jedem Herzen verbindet und gemeinsam nach Freiheit strebt, dann sind wir frei“.

Stufe 2: Die Sicherheit des Lernens

1 Tony Miller, „Partnering for Education Reform“, U.S. Department of Education, abgerufen am 18. Februar 2015, https://www.ed.gov/news/speeches/partnering-education-reform
2 Siehe James. J. Heckman, „Catch'em Young“, *Wall Street Journal*, 6. Januar 2006. https://www.wsj.com/articles/SB113686119611542381
3 Robert Balfanz und Nettie Legters, *Locating the Dropout Crisis* (Baltimore: Center for Research on the Education of Students Placed at Risk, Johns Hopkins University, September 2004), abgerufen am 1. August 2019, https://files.eric.ed.gov/fulltext/ED484525.pdf
4 Dieser Abschnitt stützt sich weitgehend auf meine persönlichen Interviews mit Craig aus den Jahren 2014 bis 2019 sowie auf Unterrichtsbeobachtungen aus dem Jahr 2019. Zur Kenntnisnahme: Craig hat fünf meiner Kinder in Mathematik unterrichtet.
5 Warum sind Frauen zum Beispiel in der Informatik und in MINT-Fächern (Mathematik, Informatik, Naturwissenshaft, Technik) an den Hochschulen dramatisch unterrepräsentiert? Zweifellos ist ein Teil der Kluft auf eine unbewusste Voreingenommenheit zurückzuführen, die besagt, dass Frauen in diesen Bereichen nicht so gut abschneiden können wie Männer, obwohl sie in standardisierten Mathetests genauso gut abschneiden, wie Männer und heute 57 % der Bachelor-Abschlüsse erwerben. Siehe Thomas Dee und Seth Gershenson, “Unconscious Bias in the Classroom: Evidence and Opportunities” (Mountain View, CA: Google's Computer Science Education Research, 2017), abgerufen am 1. August 2019, https://goo.gl/06Btqi. Siehe auch David M. Amodio, „The Neuroscience of Prejudice and Stereotyping,“ *Nature Reviews Neuroscience* 15, no. 10 (2014): 670–682.
6 Jenna McGregor, „Nobel Prize-Winning Psychologist to CEOs: Don't Be So Quick to Go with Your Gut,“ *Washington Post*, March 4, 2019, https://www.washingtonpost.com/business/2019/03/04/nobel-prize-winning-psychologist-ceos-dont-be-so-quick-go-with-your-gut/?utm_term=.b1cfde227f5e
7 C. Roland Christensen, *Education for Judgement*, (Boston: Harvard Business Review, 1991), 118.
8 Claude M. Steele, *Whistling Vivaldi: How Stereotypes Affect Us and What We Can Do* (New York: W. W. Norton & Co., 2010), 46.
9 Aus einer Unterrichtsbeobachtung, die am 14. Februar 2019 durchgeführt wurde.

10 Siehe Jenny W. Rudolph, Daniel B. Raemer und Robert Simon, „Establishing a Safe Container for Learning in Simulation: The Role of the Presimuation Briefing,“ *Journal of the Society for Simulation in Healthcare* 9, no. 6 (Dezember 2014): 339–349. Smiths Klassenzimmer wird zum sicheren Container.

11 Siehe Ernest Hemingways Kurzgeschichte „A Clean, Well-Lighted Place“. Craigs Praktiken entsprechen den wichtigsten Ergebnissen des nationalen Berichts des Aspen-Instituts *A Nation at Hope*, abgerufen am 12. März 2019, http://nationathope.org/

12 C. Roland Christensen, „Premises and Practices of Discussion Teaching“, in *Education for Judgment: The Artistry of Discussion Leadership*, C. Roland Christensen und David A. Garvin, Hrsg. (Boston: Harvard Business Review, 1991): 15–34.

13 Babette Bronkhorst, „Behaving Safely under Pressure: The Effects of Job Demands, Resources, and Safety Climate on Employee Physical and Psychosocial Safety Behavior“, *Journal of Safety Research* 55 (Dezember 2015): 63–72.

14 *Fast Company*, „Bill Gates on Education: ‘We Can Make Massive Strides’,“ April 15, 2013, https://www.fastcompany.com/3007841/bill-gates-education-we-can-make-massive-strides

15 Education World, „How Can Teachers Develop Students’ Motivation and Success: Interview mit Carol Dweck, abgerufen am 10. August 2019, https://www.educationworld.com/a_issues/chat/chat010.shtml

16 Richard Florida, *The Rise of the Creative Class* (New York: Basic Books, 2002), 24.

17 Malcolm S. Knowles, „Adult Learning“ in *The ASTD Training and Development Handbook: A Guide to Human Resource Development*, Robert L. Craig, Hrsg., 4. Aufl. (New York: McGraw-Hill, 2004), 262.

18 Amy C. Edmondson. „Making It Safe: The Effects of Leader Inclusiveness and Professional Status on Psychological Safety and Improvement Efforts in Health Care Teams“, *Journal of Organizational Behavior* 27, no. 7 (2006): 941–966.

19 Siehe Roderick M. Kramer und Karen S. Cook, Hrsg., *Trust and Distrust in Or-ganizations: Dilemmas and Approaches* (New York: Russell Sage Foundation, 2004).

Stufe 3: Die Sicherheit des Beitragens

1 Vincent H. Dominé, „Team Development in the Era of Slack,“ *INSEAD Knowledge*, 24. Mai 2019, https://knowledge.insead.edu/blog/insead-blog/team-development-in-the-era-of-slack-11611

2 Siehe Claude M. Steele und Joshua Aronson, „Stereotype Threat and the Intellectual Test Performance of African Americans“, *Journal of Personality and Social Psychology* 69, no. 5 (November 1995): 797–811.

3 Siehe Steven R. Harper und Charles D. White, „The Impact of Member Emotional Intelligence on Psychological Safety in Work Teams“, *Journal of Behavioral & Applied Management* 15, Nr. 1 (2013): 2–10.

4 Amy Edmondson, *The Fearless Organization: Creating Psychological Safety in the Workplace for Learning, Innovation, and Growth* (New York: Wiley, 2019), chap. 4. Dt. erschienen als *Die angstfreie Organisation Wie Sie psychologische Sicherheit am Arbeitsplatz für mehr Entwicklung, Lernen und Innovation schaffen* (München: Vahlen, 2020).

5 Siehe Christopher J. Roussin et al., „Psychological Safety, Self-Efficacy, and Speaking Up in Interprofessional Health Care Simulation“, *Clinical Simulation in Nursing* 17 (April 2018): 38–46.

6 Jim Harter, „Dismal Employee Engagement Is a Sign of Global Mismanagement“, *Gallup Workplace*, abgerufen am 1. August 2019, https://www.gallup.com/workplace/231668/dismal-employee-engagement-sign-global-mismanagement.aspx

7 Aristoteles, *The Nicomachean Ethics*, in *The Complete Works of Aristotle: The Revised Oxford Translation*, Hrsg. Jonathan Barnes, rev. by J. O. Urmson Ross, Bd. 2 (Oxford University Press, 1984), 1107. Dt. erschienen als *Die Nikomachische Ethik* (Ditzingen: Reclam, 2017).

Stufe 4: Die Sicherheit des Herausforderns

1 Siehe Carl R. Rogers und F. J. Roethlisberger, „Barriers and Gateways to Com-munication“. *Harvard Business Review,* November-Dezember 1991, https://hbr.org/1991/11/barriers-and-gateways-to-communication

2 Marcus Du Sautoy, *The Creativity Code: Art and Innovation in the Age of AI* (Cambridge, MA: Belknap Press, 2019), 11.

3 Edward O. Wilson, *The Origins of Creativity* (New York: Liveright publishers, 2017), 1.

4 Ben Farr-Wharton und Ace Simpson, „Human-centric Models of Management Are the Key to Ongoing Success“, *The Sydney Morning Herald*, 24. Mai 2019, https://www.smh.com.au/business/workplace/human-centric-models-of-management-are-the-key-to-onging-success-20190520-p51p82.html

5 Edgar Schein, *Humble Inquiry* (San Francisco: Berrett-Koehler, 2013), 64.

6 Chris Argyris, „Good Communication That Blocks Learning“, *Harvard Business Review,* Juli-August 1994, https://hbr.org/1994/07/good-communication-that-blocks-learning

7 Chia Nakane, *Japanese Society* (Berkeley: University of California Press, 1972), 13.

8 Abraham Carmeli et al., „Learning Behaviors in the Workplace: The Role of High-Quality Interpersonal Relationships and Psychological Safety“, *Systems Research and Behavioral Science* 26, no. 25 (November 2008): 81–98.

9 Abraham Maslow, „Safe Enough to Dare“, in: *Toward a Psychology of Being,* 3. Auflage (New York: Wiley, 1998), 65.

10 Duena Blostrom, „Nobody Gets Fired for Buying IBM, but They Should“, Blog Post, 1. Januar 2019, https://duenablomstrom.com/2019/01/01/nobody-gets-fired-for-buying-ibm-but-they-should/.

11 Andrew Hargadon und Robert I. Sutton, „Building an Innovation Factory“, *Harvard Business Review,* Mai-Juni 2000, https://hbr.org/2000/05/building-an-innovation-factory-2.

12 Adam Lashinsky, „The Unexpected Management Genius of Facebook's Mark Zuckerberg“, *Fortune*, 10. November 2016, abgerufen am 11. August 2019, https://fortune.com/longform/facebook-mark-zuckerberg-business/

13 Alison Beard, „Life's Work: An Interview with Brian Wilson“, *Harvard Business Review*, Dezember 2016, abgerufen am 11. August 2019, https://hbr.org/2016/12/brian-wilson.

14 Yuval Noah Harari, *21 Lessons for the 21st Century* (New York: Spiegel & Grau, 2018), 223. Dt. erschienen als *21 Lektionen für das 21. Jahrhundert* (München: Beck, 2019).

15 Jeff Dyer, Hal Gregersen und Clayton M. Christensen, *The Innovator's DNA: Mastering the Five Skills of Disruptive Innovators* (Boston: Harvard Business School Press, 2011), 46–49.

16 Vivian Hunt, Dennis Layton und Sara Prince, *Diversity Matters* (New York: McKinsey & Company, Februar 2, 2015), 14, https://assets.mckinsey.com/~/media/857F440109AA4D13A54D9C496D86ED58.ashx

17 Peter F. Drucker, *The Effective Executive* (New York: Harper Business, 1996), 152. Dt. erschienen als *The Effective Executive: Effektivität und Handlungsfähigkeit in der Führungsrolle gewinnen* (München: Vahlen, 2014).

18 Dotan R. Castro et al., „Mere Listening Effect on Creativity and the Mediating Role of Psychological Safety“, *Psychology of Aesthetics, Creativity, and the Arts* 12, no. 4 (November 2018): 489–502.

19 Mihaly Csikszentmihalyi, *Creativity: Flow and the Psychology of Discovery and Invention* (New York: Harper Perennial, 1997), 11. Dt. erschienen als *FLOW und Kreativität: Wie Sie Ihre Grenzen überwinden und das Unmögliche schaffen* (Stuttgart: Klett-Cota, 2014).

20 Jennifer Luna, „Oscar Munoz: Learn to Listen, Improve Your EQ“, *Stanford Business*, 19. Januar 2019, https://www.gsb.stanford.edu/insights/oscar-munoz-learn-listen-improve-your-eq?utm_source=Stanford+Business&utm_campaign=44021e6e06-Stanford-Business-Issue-154-1-27-2018&utm_medium=email&utm_term=0_0b5214e34b-44021e6e06-74101045&ct=t (Stanford-Business-Issue-154)

21 Chris Argyris, „Teaching Smart People How to Learn“, *Harvard Business Review,* Mai-Juni 1991, https://hbr.org/1991/05/teaching-smart-people-how-to-learn

22 F. A. Hayek, *The Road to Serfdom* (Chicago: University of Chicago Press, 2007), 70. Dt. erschienen als *Der Weg zur Knechtschaft* (Reinbek: Lau, 2023).

[23] Daisy Grewal, „How Wealth Reduces Compassion: As Riches Grow, Empathy for Others Seems to Decline", *Scientific American*, 10. April 2012, https://www.scientificamerican.com/article/how-wealth-reduces-compassion/

[24] Arthur C. Brooks, *Love Your Enemies* (New York: Broadside Books, 2019), Kap. 8.

[25] J. R. Dempsey et al., „Program Management in Design and Development", in *Third Annual Aerospace Reliability and Maintainability Conference*, Society of Automotive Engineers, 1964, 7–8.

[26] Danielle D. King, Ann Marie Ryan und Linn Van Dyne, „Voice Resilience: Fostering Future Voice after Non-endorsement of Suggestions", *Journal of Occupational and Organizational Psychology* 92 no. 3 (September 2019): 535–565, verfügbar unter https://onlinelibrary.wiley.com/doi/full/10.1111/joop.12275

Schlussgedanken: Bevormundung und Ausbeutung vermeiden

[1] Elisabeth Noelle-Neumann, „The Spiral of Silence: A Theory of Public Opinion", *Journal of Communication* 24, Nr. 2 (Juni 1974): 43–51.

[2] Gerald Dworkin, „Paternalism", in *Stanford Encyclopedia of Philosophy*, 2017, abgerufen am 5. Januar 2019, https://plato.stanford.edu/entries/paternalism/

[3] Siehe Edward L. Deci und Richard M. Ryan, *Intrinsic Motivation and Self-Determination in Human Behavior* (New York: Plenum Press, 1885).

[4] „How Many Nonprofit Colleges and Universities Have Closed Since 2016?", *EducationDive*, abgerufen am 17. Juni 2019, https://www.educationdive.com/news/tracker-college-and-university-closings-and-consolidation/539961/

[5] Milton Friedman, „The Social Responsibility of Business to Increase Its Profits", *New York Times Magazine*, 13. September 1970, http://umich.edu/~thecore/doc/Friedman.pdf?mod=article_inline

[6] Alexander Solschenizyn, *The Gulag Archipelago* (New York: Harper & Row, 1973), 24. Dt. erschienen als *Der Archipel Gulag* (Frankfurt am Main: Fischer, 2008).

[7] Christine Porath und Christine Pearson, „The Price of Uncivility", *Harvard Business Review*, Januar-Februar 2013, https://hbr.org/2013/01/the-price-of-incivility

[8] Terry Warner, *Socialization, Self-Deception, and Freedom through Faith* (Provo, UT: Brigham Young University Press, 1973), 2.

[9] Carol S. Dweck, *Mindset: The new Psychology of Success* (New York: Random House, 2006), 117. Dt. erschienen als *Selbstbild: Wie unser Denken Erfolge oder Niederlagen bewirkt* (München: Piper, 2017).

[10] Don Henley und Glenn Frey, „Hotel California", 1977.

[11] Adam Nossiter, „35 Employees Committed Suicide. Will Their Bosses Go to Jail?, *New York Times*, 9. Juli 2019, https://www.nytimes.com/2019/07/09/world/europe/france-telecom-trial.html

[12] Robert Waldinger, „What Makes a Good Life? Lessons from the Longest Study on Happiness“, *TED*, hochgeladen am 25. Januar 2016, Video, 12:46, https://www.youtube.com/watch?v=8KkKuTCFvzI

[13] Harry McCraken, „Satya Nadella Rewrites Microsoft's Code“, *Fast Company*, September 8, 2017, https://www.fastcompany.com/40457458/satya-nadella-rewrites-microsofts-code

[14] Apostelgeschichte 10:28, *Heilige Schrift, King James Version*.

Danksagung

Ich bin dankbar für den Einfluss von Führungskräften, die ein hohes Maß an psychologischer Sicherheit schaffen und andere dazu befähigen, mehr zu leisten als sie selbst sich zutrauen. Besondere Anerkennung zolle ich meiner Frau Tracey, die Inklusion vorlebt und allen Menschen gegenüber uneingeschränkter Liebe praktiziert. Sie ist ein lebendes Beispiel für jemanden, der die Kunst beherrscht, psychologische Sicherheit zu schaffen und zu erhalten. Sie hat unser Haus zu einem Zufluchtsort der Zugehörigkeit für mich und unsere Kinder gemacht.

Ich bin Neal Maillet, dem Redaktionsleiter von Berrett-Koehler, und seinem Team dankbar, dass sie während des gesamten Entstehungsprozesses dieses Buches für psychologische Sicherheit gesorgt haben. Neal lebt eine Kombination aus kreativer Reibung und echter persönlicher Anteilnahme, die mich motiviert, mein Bestes zu geben. Ich danke auch dem gesamten Team von Berrett-Koehler und schätze die ausgeprägte Kultur der Zusammenarbeit, die sie für mich als Autor geschaffen haben. Ich bin dankbar für das Talent und die Fähigkeiten von Karen Seriguchi (Lektorat), Leigh McLellan (Design und Satz) und Travis Wu (Coverdesign). Schließlich danke ich meinen Kindern dafür, dass sie mich gelehrt haben, dass es meine Aufgabe ist, in jeder Beziehung psychologische Sicherheit zu schaffen und zu bewahren.

Sachverzeichnis

Die 4 Stufen der psychologischen Sicherheit
Verhaltenshinweis

Wenn Sie weitere Anleitungen zur Schaffung von psychologischer Sicherheit in Ihrer Organisation wünschen, können Sie den „The 4 Stages of Psychological Safety Behavioral Guide“ unter

https://www.LeaderFactor.com/PsychologicalSafetyGuide

Herunterladen.

Die 4 Stufen der psychologischen Sicherheit
Bewertung und Schulung für Teams

Wenn Ihr Team den Prozess der Entwicklung psychologischer Sicherheit beschleunigen möchte, besuchen Sie bitte

https://www.LeaderFactor.com/PsychologicalSafety

um mehr über unsere Lösungen zur Teambewertung und -schulung zu erfahren.